服装结构设计

甘小平　主　编

廖红梅　何琳琳　李艾莲　副主编

中国纺织出版社有限公司

内 容 提 要

本书所有场景和图片均源自本专业的行动导向教学方法，描述学习情境的现实性、学习环境、协作辅助小组及互动活动、关联知识和承载技能、评价标准和方法。课堂教学设计以学习情境中的具体项目或活动为对象，明确学习目标、重点和难点，以学时为中心和第一行动人，详细设计学习活动的行动过程，细化项目的评价指标和实施流程，也是本教材的亮点。

本书可作为中等职业学校服装专业教材使用，也可以作为服装企业、行业人员就业、培训参考用书。

图书在版编目（CIP）数据

服装结构设计 / 甘小平主编 . -- 北京：中国纺织出版社有限公司，2021.11（2022.8 重印）

ISBN 978-7-5180-8451-7

Ⅰ.①服… Ⅱ.①甘… Ⅲ.①服装结构 - 结构设计 - 中等专业学校 - 教材 Ⅳ.① TS941.2

中国版本图书馆 CIP 数据核字（2021）第 051380 号

责任编辑：郭 沫 责任校对：王花妮 责任印制：王艳丽

中国纺织出版社有限公司出版发行

地址：北京市朝阳区百子湾东里 A407 号楼 邮政编码：100124

销售电话：010—67004422 传真：010—87155801

http://www.c-textilep.com

中国纺织出版社天猫旗舰店

官方微博 http://weibo.com/2119887771

北京虎彩文化传播有限公司印刷 各地新华书店经销

2021 年 11 月第 1 版 2022 年 8 月第 3 次印刷

开本：787×1092 1/16 印张：13.5

字数：250 千字 定价：39.80 元

中等职业学校示范专业系列教材
服装设计与工艺专业教材编写委员会

参　编：杨成德　刘巧丽　王爱钧　王　萍　王　雪
　　　　叶　菁　龚自南　李晓岩　吴利通
插　图：李艾莲　银小菊
编　审：邓仕川

主　任：祖晓燕
副主任：邓仕川　甘小平
成　员：兰　虎　杨成德　廖红梅　李艾莲　何琳琳

合作企业：成都璞拉迪服饰有限公司
　　　　　四川瞻凤服装有限公司
　　　　　四川凤源服装有限公司
　　　　　四川省蜀锦工贸有限责任公司
　　　　　广元市新时代服装厂
　　　　　广元市雅致服装有限公司
　　　　　广元市前瞻服饰有限公司

前 言

　　为了适应我国新时期现代职业教育的发展，依据教育部《中等职业学校服装设计与工艺专业教学标准142400》和《中等职业学校服装制作与生产管理专业教学标准070900》，参照服装行业标准以及国家有关职业技能标准和行业职业技能鉴定规范，结合中等职业学校技能大赛的实际需求，结合学生的学习特点和服装产品制板要求，编写了《服装结构设计》一书，希望能够帮助学生少走弯路，顺利完成本课程的学习。

　　本书采用全面推进校企合作、工学结合的人才培养模式，以产教融合为统领，循序渐进地安排教学内容。书稿文字简练，图文并茂，图示清晰，以项目引入的形式进行案例讲解，体现了"教、学、做"合一的教学理念。

　　本书由四川省广元市职业高级中学校甘小平担任主编。本书的文字统稿、模块一由甘小平完成，模块二图片处理由四川省广元市职业高级中学校李艾莲完成；模块三图片处理由广元市雅致服装有限公司廖红梅完成；模块四图片处理由四川省广元市职业高级中学校何琳琳完成；模块五图片处理由成都纺织高等专科学校服装学院银小菊完成；模块六图片处理由四川瞻凤服装有限公司杨成德完成。全书历时半年有余，经多次修改完善而成。期间，得到成都纺织高等专科学校、四川省苍溪县职业高级中学、四川省宣汉职业中专学校、广元市朝天职业中学、成都璞拉迪服饰有限公司、四川瞻凤服装有限公司、四川凤源服装有限公司、四川省蜀锦工贸有限责任公司、广元市新时代服装厂、广元市雅致服装有限公司、广元市前瞻服饰有限公司等院企的大力支持和帮助，同时四川省教师继续教育西华师范大学培训中心办公室主任刘巧丽副教授给予了核稿指导。在此，一并表示衷心感谢！

在教材编写中我们既注重服装工业的发展及岗位需求，结合服装工业生产方式，以培养职业岗位群的综合能力为目标，强化技术与设备的应用，有针对性地培养学生的职业素质，并在每个模块中设置了项目评价，规范评价标准。同时，也将服装结构设计中的专业应知知识拓展、应会技能操作拓展等内容纳于教材之中，还增加了能力扩展训练，由浅入深地介绍了不同的服装结构设计。

由于编写时间仓促、水平有限，书中难免有错误和不足之处，恳请同行专家和广大读者批评指正，以便使教材不断完善。

编者

2021年10月

目 录

模块三 **裙装结构设计** **073**

模块四 **裤装结构设计** **097**

模块五　衬衫、连衣裙结构设计　　127

模块六 时尚款式变化结构设计示例　　157

01

模块一

服装结构设计基础知识

项目一　服装结构设计概述及常用工具使用知识

项目二　人体体型与服装结构的关系

项目三　人体测量基础知识

项目四　服装号型基础知识

项目五　结构制图基础知识

★学习目标

学生通过服装企业或校中厂的各种成品结构样板，认识服装结构设计的各种工具，以便在结构设计学习中，能熟练使用常用工具，并了解人体体型与服装结构的关系、人体测量和服装号型的知识，以及了解服装结构设计常用专业术语及各种图形符号。

★学习方法

学生结合教师演示法、项目引领法、情境视频等方式，以小组合作为学习单位，掌握服装结构设计的常用工具，人体体型与服装结构的关系，人体测量、服装号型、结构制图等基础知识。有条件的情况下，建议以企业实践方式训练。

项目一　服装结构设计概述及常用工具使用知识

一、项目目标

（一）知识目标

了解服装结构设计概述和常用专业术语，掌握常用工具使用知识。

（二）能力目标

熟悉服装结构设计常用专业术语，熟练使用制图工具绘制服装各部位的图示。

（三）素质目标

在工作过程（或小组学习活动）中培养健康生活、乐于学习、工匠精神、安全生产、审美情趣等纺织服装从业人员的职业道德。引导学生逐步形成善思考、勤动手的良好习惯。

二、项目引入

卜丹是一个阳光外向的高一新生，她从小就喜欢打扮自己，让别人能穿上她设计的服装是卜丹的梦想，也是她选择服装设计与工艺专业的目的。卜丹怀着对服装的好奇，开始了服装结构设计的学习，与老师一起开启了服装梦想之旅。

三、项目实施

（一）服装结构设计概述

随着生活水平的不断提高，人们对服装结构设计的要求越来越高，服装结构设计和其他自然科学一样是在人类认识自然、改造自然的过程中产生和发展起来的。

在上古时期，人类用兽皮保护身体取暖，形成最原始的衣服雏形。在距今大约一两万年前，人类已经懂得将兽皮分割成不同形状的皮片，用骨针缝制成兽皮衣服，但不能适当地剪切，制成合体的衣服。历史进化到氏族社会时期，出现了石制和陶制的纺轮，人类懂得用植物纤维纺线和织成布帛，出现了用布帛制成宽松的披挂式和围身形服装。这些服装多为宽大的束腰款式，在结构上属于将人体简化为可展曲的平面结构，在具体构成手法上开始形成简单、粗线条的平面构成和将布帛覆合在人体上进行剪切的立体构成。公元460年，欧洲人发明了名为豪佩兰德的紧身裤以及布利奥的紧身胸衣，服装开始趋向贴体、合身，其裁剪技术发展到将人体体表视作不可展开曲面立体构成阶段。

17世纪以后，服装结构制图由简单依靠经验进入教学推理的规范化阶段。世界上第一本记载服装结构制图公式与材料的书籍是1589年由贾·德·奥斯加所著的《纸样裁剪》，在西班牙马德里出版。1798年法国数学家卡斯帕特摩根出版了《画法几何学》，为平面制图提供了数学依据，确立了标准体和基础纸样的概念。与此同时，在英国发明的带形软尺为人体测量提供了方便的工具。1818年欧洲开始发行刊物——*Barn Hearn*，推广了以胸寸法为基础的比例制图方法。1828年法国格朗姆·康拜因为流行的比例制图方法系统化作出了很大的努力，但在充实服装结构制图并使之严密的最大功劳者是德国的数学家亨利·乌木，他在1834年于汉堡首次出版了阐述比例制图法原理的教科书，奠定了比例制图的合理、科学、规范化的基础。

1871年英国伦敦出版了《绅士服装的数学比例和结构模型指南》一书，该书进一步奠定了服装结构制图的科学性，从而最终将服装结构设计纳入近代科学技术的轨道。

我国传统的结构设计基本上是按照平面结构形式进行的，直至19世纪末引入了西方的服装设计制作技术，并逐渐形成了西式裁剪技术这一概念。近百年来，中国的服装工作者对西方裁剪技术进行了引进—消化—吸收—改进—提高的过程，形成了符合中国国情的分配比例形式的结构制图方法。20世纪70年代末，随着服装作为一种专业而被纳入职业教育的轨道，现已成为职业院校服装专业的必修课程，它的知识结构得到了充实，理论和实践的严密性及合理性得到深化。

进入80年代，服装教学从单一的平面结构教学模式逐步过渡到平面结构与立体裁剪相结合，直至平面结构与立体裁剪同步进行的教学模式（图1-1）。随着计算机技术的发展，服装工业技术也随之得到迅速发展，如人体体型数据采集、纸样设计、样板缩放、排料等都采用了省工省时、高效率的先进设备如，非接触式三维人体计测装置、CAD计算机辅助服装款式造型设计系统（图1-2）、二维和三维的纸样设计和显示系统、自动排料系统、CAM自动切割机自动裁床等新技术、新设备的采用等，使服装技术得到迅猛发展，从理论和实践上都大幅丰富了课程的知识结构，同时反过来又对本课程的内容提出了更加严谨、规范、科学的要求，以体现当代服装设计的科技水平。

图1-1 学生制作样板

图1-2 服装CAD制板示范

（二）成衣结构设计常用工具使用知识

在服装结构设计中需要使用的制图工具，根据用途可以分为以下五大类。

1. 测体常用工具（图1-3）

（1）软尺：测体的主要工具，质地柔软，刻度清晰，稳定不涨缩。一般长度为150cm。在服装制图中，软尺用于测量、复核各曲线、拼合部位的长度（如测量袖窿、袖山弧线长度等），以判定适宜的配合关系。

（2）蛇尺：用于测量曲线部位，尺中间加入铅丝，故可任意弯曲成被测部位的形态，能准确测量尺寸长度。

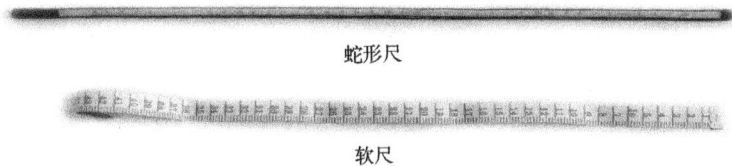

蛇形尺

软尺

图1-3 测量常用工具

2. 制图常用工具（图1-4）

（1）铅笔：直接用于绘制服装结构图的工具。绘图铅笔的笔芯有软硬之分，一般标号HB为中性铅、B为软铅、H为硬铅。铅芯粗细有0.3mm、0.5mm、0.7mm、0.9mm等规格。

（2）橡皮：用于修改图纸。

（3）直尺：是服装结构制图的基本工具，有机玻璃直尺最常见，常用规格有20cm、30cm、50cm、60cm、100cm等。服装制图时既可以借助直尺完成直线条的绘画，又可以辅助完成弧线的绘画。

（4）刀尺：用于画长度较长的弧线，如西服驳头外弧线、裤子侧缝线等，常用规格

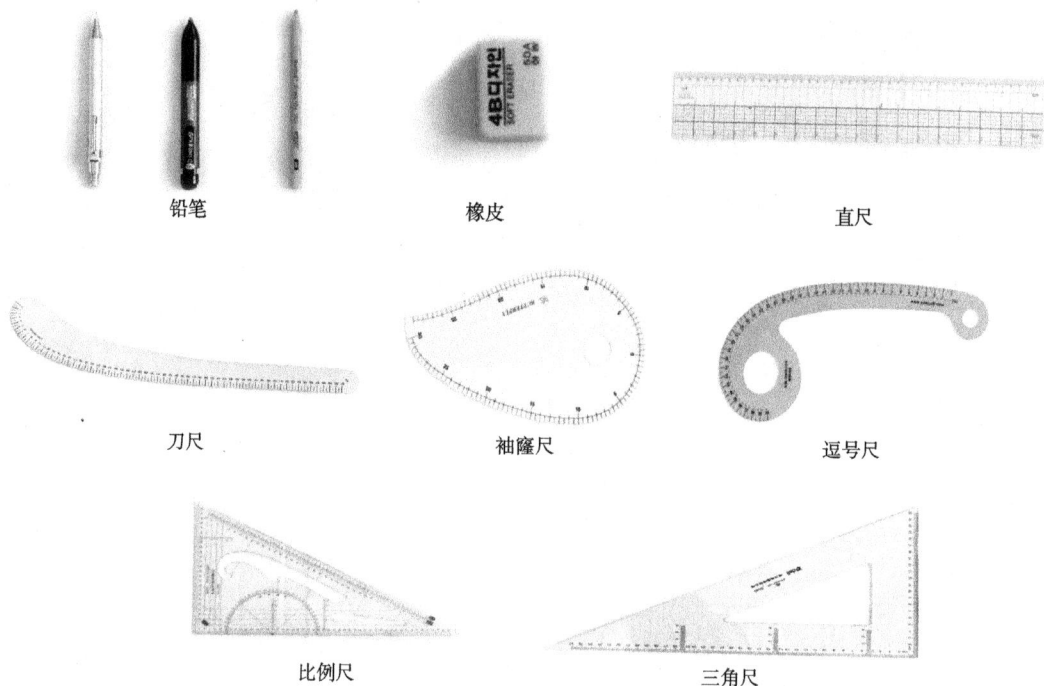

铅笔 　　　　　　　　橡皮 　　　　　　　　直尺

刀尺 　　　　　　　袖窿尺 　　　　　　　逗号尺

比例尺 　　　　　　　　三角尺

图1-4　制图常用尺具

有45cm、50cm、55cm、60cm等。

（5）袖窿尺：用于画袖窿弧线部位。

（6）逗号尺：用于画袖窿、领圈、裆弯等弧度较大的部位。

（7）比例尺：是用于按一定比例作图的工具。主要用于绘制缩比图，常用规格有1：2、1：3、1：4、1：5比例尺，服装制图时可选用相宜的比例使用。

（8）三角尺：是服装结构制图的基本工具，塑料、有机玻璃三角尺最常见，常见规格分为30°、60°、90°和45°、45°、90°两种三角尺。三角尺两条直尺边组成"L"型，主要应用于服装制图中垂直线的绘画。

3. 记号常用工具（图1-5）

（1）划粉：在纸样或衣片上做标记用的粉片。有多种颜色，一般选用与面料相同或相近的颜色。

（2）锥子：用于拷贝纸样和在纸样上打孔做印记。

（3）打孔钳：用于纸样上打孔作为定位标记。也可用缺口钳在纸样上打对位记号。

（4）描线轮：用于拷贝纸样和在面料上做印记。

（5）记号笔：用于在纸样上或立体裁剪时做记号使用。

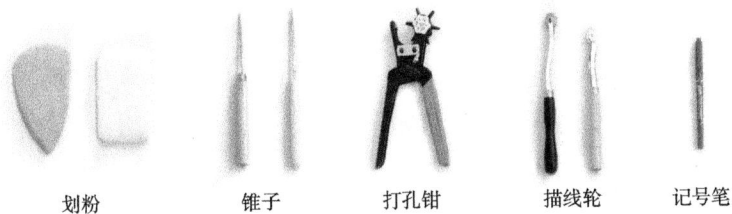

划粉　　　锥子　　　打孔钳　　　描线轮　　　记号笔

图1-5　记号常用工具

模块一

4. 裁剪常用工具（图1-6）

（1）裁剪剪刀：用于裁剪布料。常用规格有9号、10号、11号、12号。

（2）线剪：用于剪缝纫线。

（3）缺口剪：用于在纸样上打对位、缝份记号。

（4）多功能剪刀：用于裁剪纸样和立体裁剪。

（5）美工刀：用于裁切纸样和图纸。

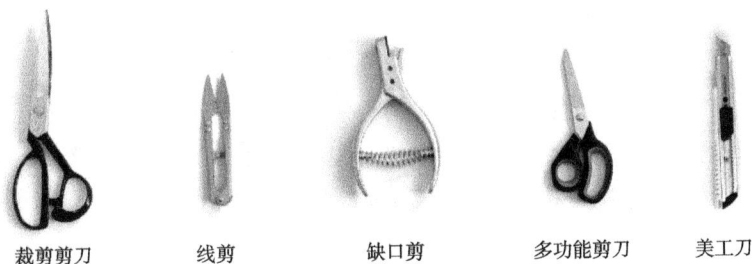

裁剪剪刀　　　线剪　　　缺口剪　　　多功能剪刀　　　美工刀

图1-6　裁剪常用工具

5. 绘图常用纸张（图1-7）

（1）牛皮纸：用于制作小批量生产的样板。牛皮纸薄，韧性好，裁剪容易，但硬度不足。一般选用100g/m²至130g/m²。

（2）描图纸：纯木浆制作的半透明纸，用于绘图。颜色呈灰白色，外观似磨砂玻璃，纸面平滑，耐磨性、耐水性和吸墨性良好，具有很好的可修改性。克重为50g/m²至200g/m²不等。

牛皮纸
描图纸
白图纸

图1-7　绘图常用纸张

（3）白图纸：用于制作小批量生产的样板。白图纸纸面细洁，韧性好，裁剪容易。一般选用50g/m²至120g/m²。

（三）服装结构设计常用专业术语

（1）板和板型：板指的是一个样子，即款式。由设计师先设计出来，打板师再把设计变为板样，具体的尺寸由打板师来掌握；板型指的就是打板出来的效果。

（2）板和款式：通常行业内称为板，大众称为款式。板指的是服装的样子，最主要指的是设计和面、辅料使用上的不同，而款式在除了设计和面、辅料元素以外，对花色和颜色的表达也会更明确一些。

（3）服装造型：指由服装造型要素构成的总体服装艺术效果。

（4）服装款式：指服装的式样，通常指形状因素，是造型要素中的一种。

（5）款式设计图：指体现服装款式造型的平面图。

（6）服装效果图：指表现人体在特定时间，特殊场所穿着服装效果的图示。

（7）服装裁剪图：用曲、直、斜、弧线等线条及符号将服装款式造型分解展开成平面裁剪方法的图。

（8）服装轮廓线：表示服装裁剪及零部件外部轮廓的制图线条。

（9）服装结构线：表示服装各部位之间关系的制图线条。

（10）配零料：除衣、裤、裙等主要裁片以外的零部件。

（11）基础线：结构设计时首先画出的水平方向和垂直方向的直线。

（12）净样：服装实际规格尺寸，不包括缝份、贴边等。

（13）毛样：服装裁剪规格尺寸，包括缝份、贴边等。

（14）吃势：指某一部位需通过工艺方法使其收缩的量，如袖山弧线大于袖窿弧线的量。

（15）胖势：服装中凸出的部位称为胖势。

（16）劈势：直线的偏进量，如上衣门、里襟上端的偏进量。

（17）困势：直线的偏出量，如裤子侧缝困势指后裤片在侧缝线上端处的偏出量。

（18）翘势：水平线的上翘（抬高），如裤子后翘，指后腰线在后裆缝处的抬高量。

（19）凹势：裁片按规格尺寸需要凹进的程度，也叫窝势，如袖窿处。

（20）缝份：已放好做缝的裁片，做缝宽度称为缝份。

（21）眼刀：在裁片的某部位剪一小缺口，作为制作对位标记。

（22）串口：指驳领的翻领与驳头结合处的缝合线。

（23）门襟：衣片的锁眼边。

（24）里襟：衣片的钉纽边。

（25）叠门：门襟和里襟相叠合的部分。

（26）过面：上衣门、里襟反面的贴边。

（27）过肩：也称复势、育克。一般常用在男、女上衣肩部的双层或单层布料。

（28）驳头：过面第一粒纽扣上段向外翻出不包括领的部分。

（29）克夫：又称袖头，缝接于衣袖下端，一般为长方形袖头。

（30）分割：根据人体曲线形态或款式要求在上衣片或裤片上增加的结构缝。

（31）登门：指衣服底边处的镶边，特指夹克衫的底边。

（32）省：又称省缝，根据人体曲线形态衣片所需缝合的部分。

（33）裥：根据人体曲线形态所需，有规则折叠或收拢的衣片部分。

（34）丝缕：织物的经向、纬向、斜向，行业中称为直丝缕、横丝缕、斜丝缕。

（35）画样：用样板按不同规格在面、辅料上画出衣片的裁剪线条。

（36）画顺：光滑圆顺地连接直线与弧线、弧线与弧线。

（37）钻眼：打在裁片上作为定位标记的孔眼。

（38）编号：将裁好的衣片和部件按顺序编上号码。

（39）开剪：按画样线条把面料裁成裁片。

（40）验片：逐片检查裁片的质量和数量。

（41）换片：调换不符合质量要求的裁片。

（42）爆板：通常是指好卖的和畅销的板。

（43）炒货：经销不是自己生产或不是自己下单生产的货品，叫炒货。

（44）大路货：主要是指中档、低档的货品，不走加盟，走批发路线的服装产品。

（45）补货与补单：补货是指换季上新货之后的后续进货，包括补好销的旧板货和新板货。补单一般是一批跟工厂下单做好销的旧板货。补货和补单都可以叫返单，通常称为返单。

专业应知知识拓展训练 ●●●●●●●●●●●●●●●●●●●●●●●●●●●

1. 软尺的用途有哪些？

2. 各种尺各有哪些特点？

3. 服装结构设计的常用工具有哪些？

4. 熟记服装结构设计常用专业术语。

项目二　人体体型与服装结构的关系

一、项目目标

（一）知识目标

了解人体的外形与服装结构，掌握人体的比例和男女体型的差异。

（二）能力目标

熟悉服装结构设计常用专业术语，熟练使用制图工具绘制服装各部位的图示。

（三）素质目标

在工作过程（或小组学习活动）中培养健康生活、乐于学习、安全生产、审美情趣等纺织服装从业人员的职业道德和工匠精神。引导学生逐步形成善思考、勤动手的良好习惯。

二、项目引入

为了帮助新生更好了解人体外形与服装结构的关系，老师特意从库房搬来很多人体模型。有位新生同学很诧异，他以为只有学美术的人才会用到人体模型，没想到学服装首先就要了解人体外形，然后才能理解与服装结构的关系。

三、项目实施

服装的服务对象是人，因此人体是制作服装的依据，也是服装制图的依据。人体外形决定了服装的基本结构和形态。人体结构的点、线、面确定了服装结构制图中的点、线、面，故"量体裁衣"四个字概括了人体和服装的关系。

（一）人体外形与结构

1. 人体的外形

人体可分为头、颈、躯干和四肢。骨骼、关节、肌肉共同构成人体的外部体型特征。骨骼是人体的支架，人体全身有206块骨，骨是人体测量的基准点，骨关节与服装设计有密切的关系。与服装结构有关的骨骼主要有脊骨、胸廓、骨盆、上肢、下肢。关节是骨与骨之间连接的部位，是人体运动的纽带。人体关节的活动特征和活动范围对服装结构有重要的影响。肌肉附于骨骼与关节之上，人体靠肌肉的收缩牵动骨骼产生运动。肌肉是人体表面形态的决定因素，肌肉发达体型丰满，反之干瘪瘦小。与服装造型关系较大的肌肉有颈肌、躯干肌、上肢肌和下肢肌等。

2. 男女体型的差异（表1-1）

表1-1 男女体型的差异

部位	男体特征	女体特征
颈	横截面呈桃形，较粗	横截面呈扁圆形，较细长
肩	锁骨弯曲度较大，宽而平	锁骨曲度较缓，扁而向下倾斜
上肢	略长，上臂肌肉强健，肘部宽大，手宽厚粗壮	略短，肘部宽厚，腕部较窄，手较窄小
胸	胸廓较长而宽阔，胸肌健壮较平坦	胸廓窄而短小，胸部隆起，表面起伏变化较大
背	背肌丰厚，较宽阔	较圆厚，较窄
腹	腹肌起伏明显，较平坦	圆厚宽大
腰	曲度较小，腰节较低，凹陷较缓	曲度较大，腰节较高，凹陷较深
臀	盆骨高而窄	骨盆低而宽，臀部宽大丰满，向后突出，臀骨沟深陷
下肢	略长，腿肌强健	略短，腿肌圆厚

3. 人体体型

人体体型可以从人体比例和人体结构两个方面去理解和分析。

（1）人体比例。人体比例最简单、最方便的测量单位是头。我国通常的成年男性约为7个半头高，成年女性约为7个头高。不同年龄阶段的人体比例分别为1～2岁4个头高；5～6岁5个头高；14～15岁6个头高，16岁接近成人；25岁达到成年人身高。

（2）人体结构。按服装的构成需要，为方便人体测量，可将人体的体表部位分别用假设的基准点、线、面来表示。

①人体上的基准点（图1-8）。

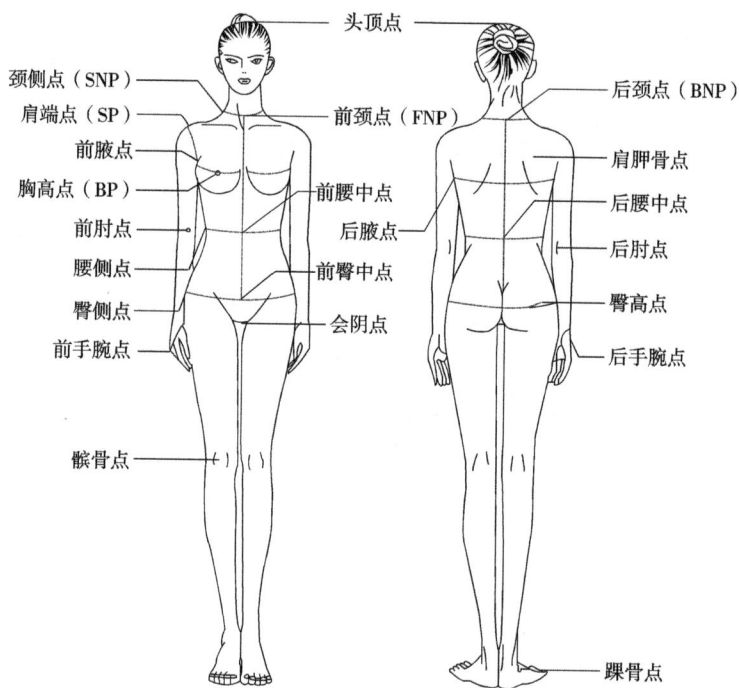

图1-8　人体上的基准点

②人体上的基准线（图1-9）。

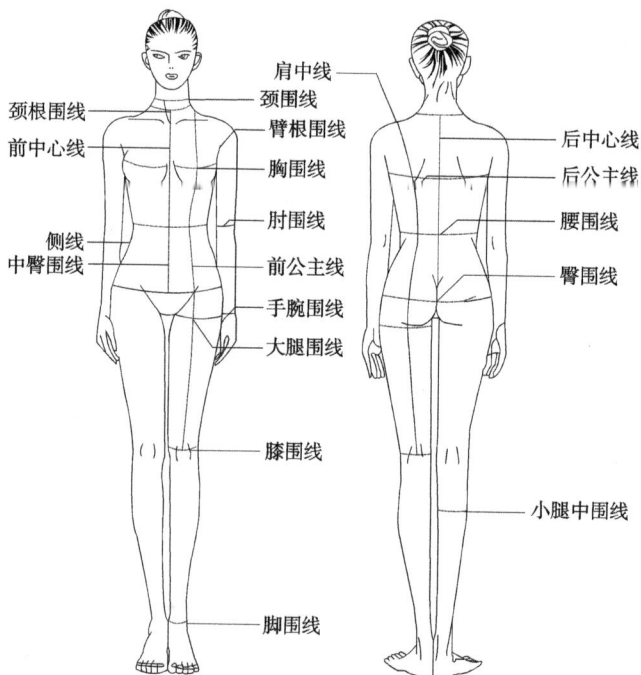

图1-9　人体上的基准线

③人体上的基准面（图1-10）。

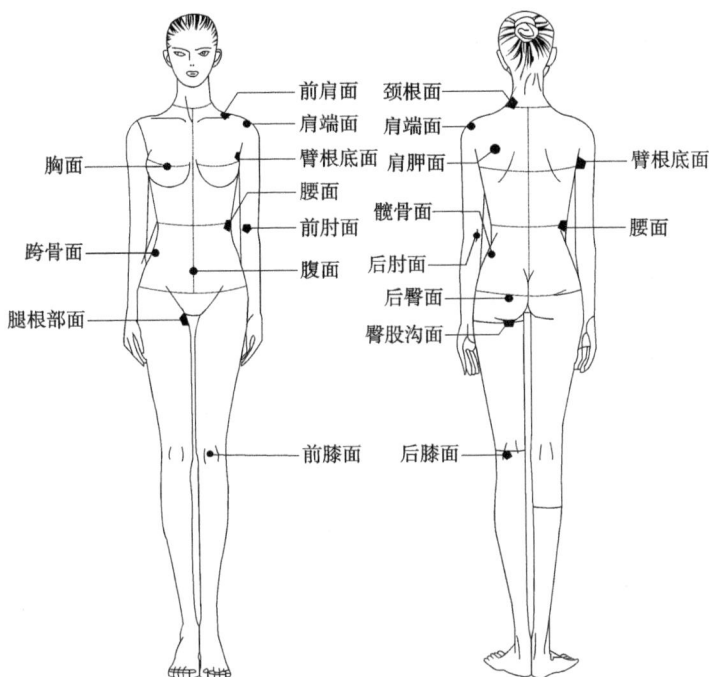

图1-10 人体上的基准面
●一球面 ⬟一双曲面

（二）人体外形与服装结构的关系

了解人体外形与服装结构的关系是为了使服装最大限度地满足人体的需要，故此人体外形与服装结构有着直接的关系。

1. 颈部与衣领的关系

（1）男性颈部较粗，喉结位置偏低且外观明显。

（2）女性颈部较细，喉结位置偏高且平坦、不显露。

（3）老人颈部脂肪少，皮肤松弛。

（4）幼儿颈部细而短，喉结发育不完全，不显于外表。

（5）人体颈部呈上细下粗不规则的圆台状，上部和头部相连。

（6）从侧面观察，人体颈部向前呈倾斜状，下端的截面近似桃形，颈长相当于头长的1/3。

（7）颈部的形状决定了衣领的基本结构，由于颈部呈不规则的圆台状及有向前倾斜的特点，所以领的造型基本上是后领脚宽，前领脚窄，上衣前、后领的弧线曲度一般是后平前弯。

（8）由于颈部上细下粗，因此衣领的规格是上领口小、下领口大。例如，立领、装领座衣领。

2. 躯干与衣片的关系

躯干包括肩、胸、背、腰、腹、臀等部位。

（1）肩部。

①一般情况下，男肩宽而平，女肩狭于男肩，女肩斜于男肩。

②肩端部呈球面状，前肩部呈双曲面状，肩部前倾，俯视整个肩部呈弓形。

③肩部是前、后衣片的分界线，是服装的主要支撑点。

④肩的弓形形状，使服装后肩斜线略长于前肩斜线。

⑤肩部的特征决定了服装结构的肩部形状，肩部前倾使服装的前肩斜度大于后肩斜度。

（2）前胸与后背的关系。

①胸与背是由一部分脊柱、胸骨与12对肋骨组成胸廓。

②胸廓的形状决定胸部的大小和宽窄。

③女性胸廓较男性短小，呈扁圆形，前胸表面乳胸隆起，乳胸部呈近似圆锥状，背部凹凸变化不明显。女性由于乳胸隆起，一般后腰节长等于或短于前腰节长，前胸呈球面状，使服装前中线有劈势，女性乳胸隆起，要通过收省、打褶及设置分割线来达到合体的目的。

④男性胸廓宽而大，呈扁圆形，前胸表面呈球面状，背部凹凸变化明显。由于胸与背的特征，决定了男性后腰节长大于前腰节长，又由于肩胛骨的凸起，使男衬衫过肩线下收背褶。

（3）腰部。

①腰部截面呈扁圆状，围度小于胸围和臀围，人体的侧腰部及后腰部呈双曲面状。

②男性腰部较宽，腰部凹陷不太明显，侧腰部呈双曲面状。

③女性腰部窄于男性，腰部凹陷明显，侧腰部双曲面状强于男性。

④由于男、女人体腰部的宽窄差异，构成了女装吸腰量大于男装吸腰量。

⑤侧腰的双曲面状，决定了曲腰服装的腰节在侧缝处必须外展。

3. 上肢与衣袖的关系

上肢包括上臂、下臂、手。

（1）男性手臂较粗、较长，手掌较宽大。

（2）女性手臂较细，较男性短，手掌较男性窄小。

（3）肩关节、肘关节、腕关节使手臂能够旋转和屈伸。

（4）为了适应手臂活动的需要和符合手臂的形状，一片袖要收肘省。

（5）袋口的高低位置与手臂的长短有关。

（6）手的不同大小，决定了男、女服装袋口的宽窄。

（7）手腕、手掌、手指都是确定服装袖长、袖口规格的依据。

（8）由于肩端和肩部三角肌的浑圆外形以及背部肩胛骨的凸起，使前袖山弧线与后袖山弧线不对称。

（9）上肢的形状决定了衣袖的基本结构，当上肢弯曲时，上臂和下臂呈一定角度，反映在衣袖上为后袖弯线外凸，前袖弯线内凹。

4.下肢与下装的关系

下肢包括大腿、小腿、足，是全身的支柱。

（1）下肢与腹部相连，下装一般为腰围线以下的服装，人体腰部最细处在静态下不是水平的，呈前高后低状态，人体腰部主要是向前运动，因此上衣设计常在衣片后腰处加长2cm左右。腹上部较平坦，腹部易囤积脂肪，呈圆形隆起状，腹峰为腹着力点，肥胖体型的人腹凸较明显，因此，在量体时要量腹围。

（2）胯关节、膝关节、踝关节使下肢能蹲、能坐、能行走。

（3）臀部丰满下垂而富有弹性，其下缘与股肌结合处形成臀股沟，它是测量直裆的主要标记。

（4）男性臀部小于女性，人体臀腹部厚度约占臀围的15%，裤子后裆要有一定的倾斜度并加后翘。

专业应知知识拓展训练 •••••••••••••••••••••••••••••••

1.简述人体结构的基准点、线、面。

2.概括人体外形与服装结构的关系。

项目三　人体测量基础知识

一、项目目标

（一）知识目标

了解人体测量的部位与方法，掌握常用量体工具使用知识。

（二）能力目标

能正确运用常用量体工具对人体主要部位进行量体。

（三）素质目标

在工作过程（或小组学习活动）中培养健康生活、乐于学习、工匠精神、安全生产、审美情趣等纺织服装从业人员的职业道德。引导学生逐步形成善思考、勤动手的良好习惯。

二、项目引入

李老师大学毕业刚到学校参加工作。换季了，觉得以前的衣服不太适合上班穿，又对本地不是太熟悉，为了方便省事，网购了一套秋装。到货后一试穿，发现不合身，他提出更换，客服乐意接受，让他提供相应的尺寸数据。这让他犯难了，找到甘老师，让他帮忙量体，才解了燃眉之急。一起来学习量体知识吧！

三、项目实施

（一）人体测量概述

人体测量即测量人体有关部位的长度、宽度、围度等作为服装结构制图时的直接依据，也是取得服装规格的主要来源之一，更是服装专业技术人员必备的专业技能。

1. 测体常用工具

（1）软尺：进行人体测量的主要工具，要求质地柔韧，刻度清晰，稳定不伸缩。

（2）腰围带：测量腰围所用（可用绳子或软尺代替）的工具，围绕在腰围最细处。

（3）人体测高仪：测量人体垂直距离的仪器。

2. 测体方法

（1）观察被测者体型：为了裁剪更加合体的服装，对人体进行目测是必不可少的，目测时要做好两点：一是观察人体正、侧面弧线状态；二是观察人体是正常体还是非正常体。

（2）被测者姿势：被测者直立，双臂自然下垂，测量时软尺不宜过紧或过松，保持横平竖直。

（3）放松量的确定：了解被测者的工作性质及习惯爱好，一般情况下，放松量＝呼吸放松量+内装厚度+造型放松量。

（4）规格尺寸的确定：根据服装品种和季节要求，注意对测量规格尺寸的增减。

（5）测量人体顺序：从上到下，从左到右，从前到后，先平后直。

（6）记载内容：做好每个测量部位规格的尺寸记录，注明必要的说明或简单画上服装式样，写清楚体型特征和要求等。

3. 测体部位

用软尺贴附于仅穿内衣的静态人体体表，测得的部位尺寸数据即为净体规格。在净体规格的基础上，按照人体活动需要加适当的放松量，并根据服装款式、穿着层次确定加多少放松量。如果是按穿着层次测量，则只要加放人体运动松量即可。

若作为服装结构制图的规格，还需要对尺寸数据进行处理，即考虑服装品种式样的要求、活动量及穿着层次等因素，加放一定的放松量。特别是主要控制部位，如衣长、肩宽、胸围、腰围、臀围等的放松量，如果测体部位尺寸放松量不对，将影响到整件服装穿着的合体性、美观性和顾客的满意度。

以下从围度、宽度、长度分别介绍人体主要部位的测量方法。

（1）围度（图1–11）。

①颈围：用软尺在颈根最细处，水平围量一周。

②胸围：用软尺在腋下通过胸高点，水平围量一周。

③腰围：用软尺在腰部最细处，水平围量一周。

④臀围：用软尺在臀部最丰满处，水平围量一周。

⑤腕围：用软尺在腕部最细处，水平围量一周。

⑥大腿根围：用软尺在大腿根最高部位水平围量一周。

⑦膝围：用软尺在膝部最细处，水平围量一周。

⑧踝围：用软尺在踝骨处，水平围量一周。

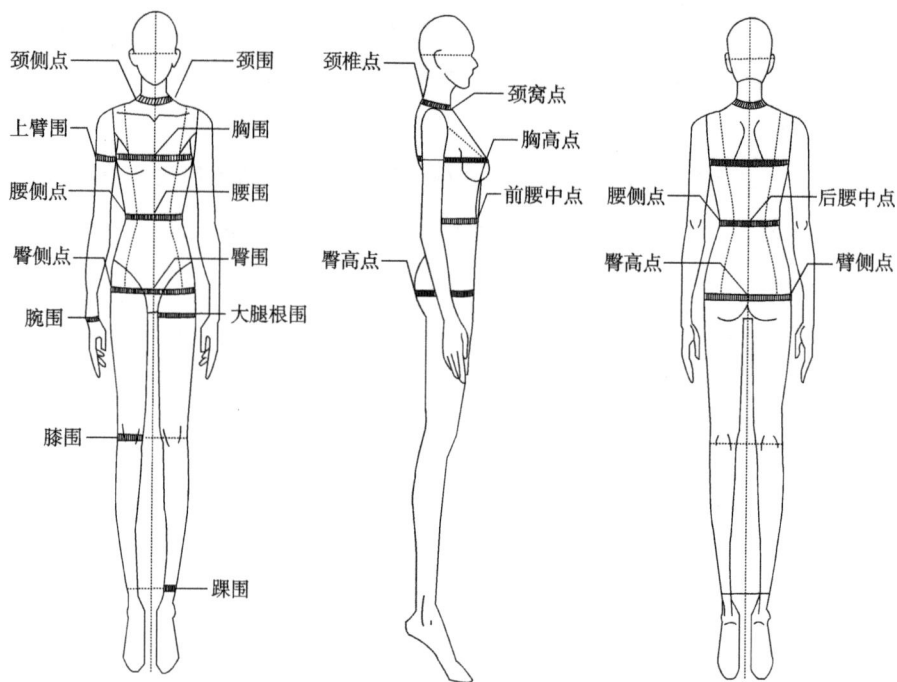

图1-11　人体主要围度部位测量方法示意图

（2）宽度（图1-12）。

①肩宽：用软尺从后背左肩骨外端点，量至右肩骨外端点。

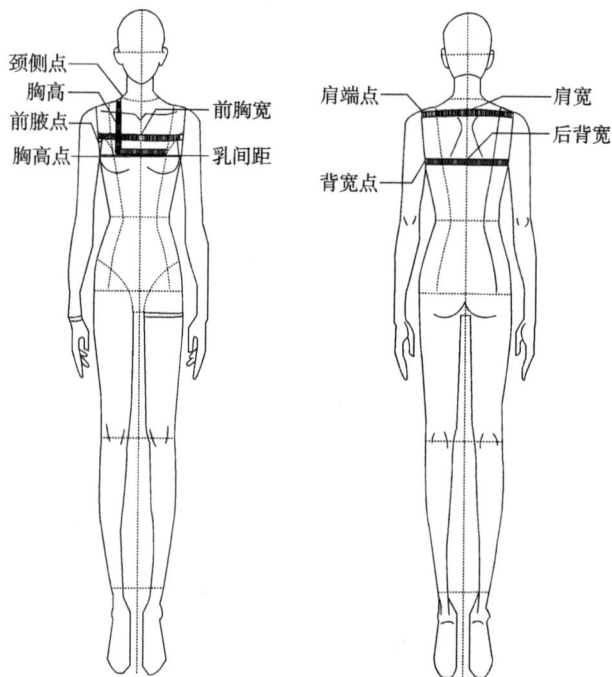

图1-12　人体主要宽度部位测量方法示意图

②乳间距：用软尺测量两乳峰间的距离。

③前胸宽：用软尺从左前腋点水平量至右前腋点的距离。

④后背宽：用软尺从左后背宽点水平量至右后背宽点的距离。

（3）长度（图1-13）。

①总体高：用测高仪或卷尺从头骨顶点量至脚跟，即服装"号"。

②前衣长：用软尺从右颈侧点通过胸部最高点，垂直向下量至衣服所需长度。

③后衣长：用软尺从后颈椎点（后领圈中点）向下量至衣服所需长度。

④胸高：用软尺从由后颈侧点量至乳峰点。

⑤袖长：用软尺从肩端点向下量至所需长度，一般情况下量至腕骨处。

⑥前腰节长：用软尺从右颈侧点通过胸部最高点垂直量至腰间最细处。

⑦后腰节长：用软尺从右颈侧点通过背部最高点垂直量至腰间最细处。

⑧后背长：用软尺从后颈椎点（后领圈中点）量至腰部最细处。

⑨裤长：用软尺从腰的侧部髋关节处向上3cm起，垂直量至需要长度，一般情况下，量至外踝骨下3cm。

⑩裙长：用软尺从腰的侧部髋关节处向上3cm起，垂直量至需要长度。

⑪臀高：用软尺从侧腰部髋关节处量至臀部最丰满处的距离。

⑫上裆长：用软尺从侧腰部髋骨处向上3cm处量至凳面的距离。

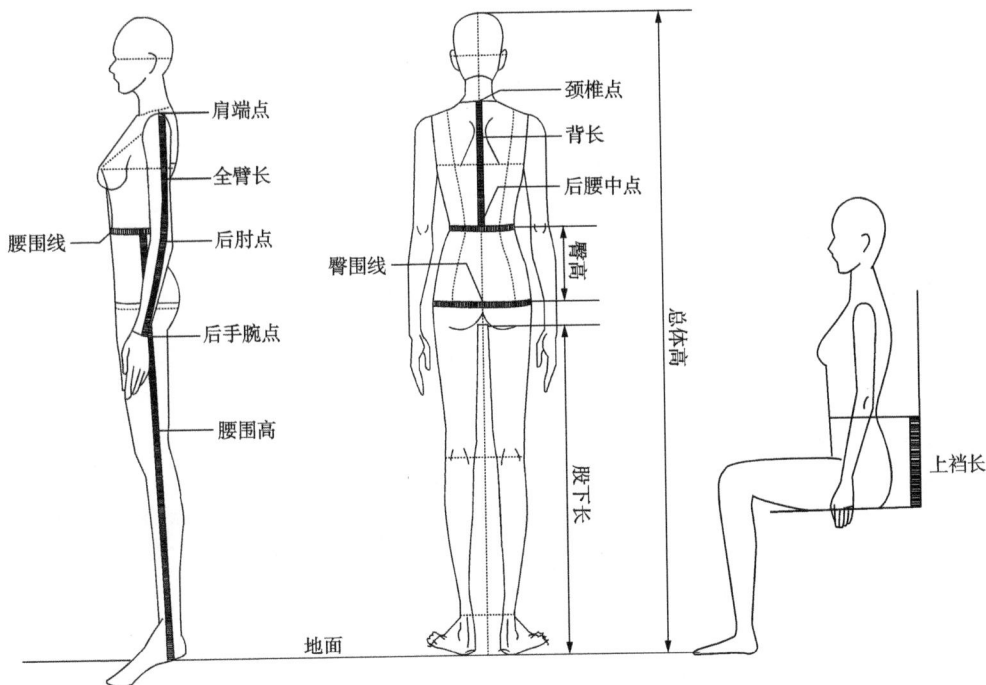

图1-13　人体主要长度部位测量方法示意图

（二）服装成品放松量

1. 放松量

（1）为了使服装适合人体的各种姿态和活动的需要，必须在量体所得数据（净体尺寸）的基础上，根据服装品种、式样和穿着用途，加放一定的宽松量，即服装成品的放松量。

（2）人体测量时所取的数据是净体尺寸，直接按这些数据来裁制服装虽然是合体的，但却不能满足人体活动。因人体经常处于活动的状态中，在不同的姿态下，服装面料或拉伸、或压缩，而绝大多数的面料伸缩性不大，所以应根据服装穿在身上的状态决定服装放松量的大小。

（3）一件服装各部位放松量大小的确定与多种因素有关，主要有：款式特点的要求，面料的性能和厚度，个人爱好与穿着用途，外穿还是内穿，不同地区的生活习惯和自然环境等。

2. 常用服装放松量的规格（表1-2）

表1-2　常用服装的放松量　　　　　　单位：cm

服装名称	一般情况下加放松量尺寸				建议
	领围	胸围	腰围	臀围	
女裙装			1~2	4~6	内可穿一条衬裤
女裤装			1~2	6~10	
男裤装			2~3	8~12	
女衬衫	1.5~2.5	10~16			内可穿薄的紧身衫
男衬衫	2~3	10~25			
女连衣裙	1.5~2.5	6~9			
女两用衫	3~3.5	12~18			内可穿一件羊毛衫
男夹克衫	3~5	20~30			
男春秋衫	5~6	16~25			
女西服	3~4	12~16			
男西服	4~5	18~22			
女大衣	4~6	20~25			
男大衣	4~6	25~30			
男中山服	4~5	20~22			

专业应知知识拓展训练 ···

　　1.人体测量的工具及测量的部位有哪些?

　　2.试述人体活动与放松量的关系。

　　3.服装放松量的作用是什么?

项目四　服装号型基础知识

一、项目目标

（一）知识目标

熟悉国家服装号型标准，掌握号型的定义。

（二）能力目标

能识别号型标志，应用服装号型进行制图。

（三）素质目标

在工作过程（或小组学习活动）中培养健康生活、乐于学习、工匠精神、安全生产、审美情趣等纺织服装从业人员的职业道德。引导学生逐步形成善思考、勤动手的良好习惯。

二、项目引入

小林一家刚落户城区不久，她又选读了心仪的服装设计与工艺专业，可谓双喜临门。更重要的是她很好学，在预习教材时，遇到了难题，气喘吁吁地跑来办公室向老师请教。让我们一起帮她吧！

三、项目实施

随着服装工业的快速发展，我国国家服装号型标准经历了从无到有，逐步完善的过程，目前执行的是国家技术监督局颁布的GB 1335—2008服装号型标准。国家标准服装号型系列是服装工业重要的基础标准，是根据我国服装工业生产的需要和人口体型状况建立的人体尺寸系统，服装号型分为三个独立部分：即男子、女子、儿童，并根据号、型、体型进行分类，它是编制各类服装规格的依据。标准的制定和实施，有利于提高服装行业整体科技水平，改善设计、生产、流通等各个环节的工作，对促进我国服装工业的发展、提高产品质量、搞好商业经营、方便消费者购买等均起到积极作用。

（一）服装号型的定义

"号"是指高度，是以厘米（cm）为单位表示人体的身高，是设计和选购服装长短的依据。

"型"是指围度，是以厘米（cm）为单位表示人体的上体胸围和下体腰围，是设计和选购服装肥瘦的依据。

（二）服装号型中的四种体型

国家标准服装号型中以男子和女子人体的胸围和腰围的差数为依据划分体型，并将体型分为四类，体型代号由Y、A、B、C表示。Y型属偏瘦型；A型属正常型；B型属略胖型，多为中老年；C型属肥胖型，腰围接近胸围（表1-3）。

我国人群中A、B两种体型约占70%，Y、C两种体型约占20%。服装号型标准实行体型分类，有效地解决了服装的适体性和上下装配套问题，使号型系列的覆盖率达到90%以上。

表1-3 男女体型分类表 单位：cm

体型分类代号	Y	A	B	C
男子胸围与腰围之差数	17~22	12~16	7~11	2~6
女子胸围与腰围之差数	19~24	14~18	9~13	4~8

（三）服装号型系列

1.建立服装号型系列的五个有利于

（1）有利于对外交流。

（2）有利于提高设计水平。

（3）有利于成衣生产及销售。

（4）有利于服装产品质量的监督。

（5）有利于消费者购买到合体的服装。

2.服装号型系列的设置

服装号型系列按照人体体型规律和服装使用的需要，各体型按一定的分档数值排列组成，根据不同的分档数值分成不同的系列。一般情况下，以中间标准体为中心，向两边依次递增或递减。

服装号型系列的前一个数表示"号"的分档，后一个数表示"型"的分档。在"型"的后面再加上"体型分类代号"组成不同体型的5·4和5·2系列。号型系列分档范围和分档间距，见表1-4。

表1-4 服装号型系列分档范围和分档间距 单位：cm

号型	部位	体型	男	女	分档间距
号	身高	Y、A、B、C	155~185	145~175	5
型	胸围	Y	75~100	72~96	4
		A	72~100	72~96	
		B	72~108	68~104	
		C	76~112	38~108	
	腰围	Y	56~82	50~76	2和4
		A	56~88	84~82	
		B	62~100	56~94	
		C	70~108	60~102	

（四）服装号型标志

服装成品都必须具有号型标志。具体的号型标志是由号、斜线、型再加上体型分类代号组成。

例如：上装160/80A，其中160代表号，80代表型，A代表体型分类代号；下装165/76B，其中165代表号，76代表型，B代表体型代号分类。

（五）服装号型应用

服装上表明的号型数值及体型分类代号，表示该服装适用于身高、胸围或腰围与此号型相近，以及胸围与腰围之差在此范围之内的人。所以号型的数值与每个人的实际情况并不完全相符，每个人套用号型数值可用上下归靠的方法。

例如：女上装165/88A，适用于身高163~167cm、胸围86~89cm，以及胸围与腰围之差在14~18cm的人群。

例如：男下装175/88B，适用于身高173~177cm、腰围87~89cm，以及胸围与腰围之差数在7~11cm的人群。

依此类推，对于介于两个"号"或"型"中间的人，可根据衣着习惯和要求归靠。

（六）服装号型配置形式

服装号型配置形式一般有三种，以5·4系列上衣为例，其配置形式如下。

1. 号与型同步配置

号与型同步配置，以女子A体型为例，见表1-5。

表1-5　号与型同步配置　　　　　　　　　　　　单位：cm

号型	规格					
号	……	150	155	160	165	170	……
型	……	76	80	84	88	92	……

号与型同步对应配置后形成：……150/76A、155/80A、160/88A、170/92A……

2. 一个号和多个型配置

以女子B体型为例：

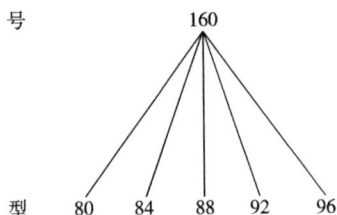

号　　　　　　　160

型　　80　84　88　92　96

配置后形成：……160/80B、160/84B、160/88B、160/92B、160/96B……

3. 多个"号"与一个"型"配置

以男子A体型为例：

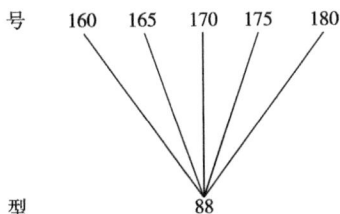

号　　160　165　170　175　180

型　　　　　　88

配置后形成：……160/88A、165/88A、170/88A、175/88A、180/88A……

（七）服装号型系列中的中间体和控制部位数值

1. 服装号型系列中的中间体

中间体是通过男、女成人各类体型的身高、胸围、腰围数据进行大量采集后，计算其平均值而构成的。男性的中间体为：170/88A，女性的中间体为：160/84A。中间体反映了为数众多的实际体型的情况，它具有一定的代表性，且在一个较长的时期内具有相对的稳定性，中间体对设计服装规格起着很大的指导作用（表1-6）。

表1-6　男、女体型中间标准体

单位：cm

体型		Y	A	B	C
男子	身高	170	170	170	170
	胸围	88	88	92	96
	腰围	70	74	84	92
女子	身高	160	160	160	160
	胸围	84	84	88	88
	腰围	64	68	78	82

2. 服装号型控制部位数值

一套服装在制作结构图时，仅有身高、胸围、腰围规格还不能满足结构制图的要求，还必须要有必不可少的几个部位的规格，才能制作整套服装的结构图，而这些部位称为控制部位。

（1）控制部位。上装的主要部位是衣长、胸围、总肩宽、袖长、领围，女装要加前、后腰节长。下装的主要部位是裤长、腰围、臀围、上裆长。服装的这些主要部位反映在人体上是颈椎点高（决定衣长的数值）、坐姿颈椎点高（决定衣长分档的参考数值）、胸围、总肩宽、全臂长（决定袖长的数值）、腰围高（决定裤长的数值）、腰围、臀围等。控制部位具体数值的确定，都要以"号"和"型"为基础。

（2）非控制部位。服装非控制部位的规格如袖口、裤脚口等，可根据款式的需要自行设计。

（3）控制部位规格数值向服装成品规格的转换。服装号型系列和各控制部位数值的决定，就确定了服装成品的规格，概括地说，是以控制部位数值加放不同的放松量来设计服装成品规格。

专业应知知识拓展训练 ·····································

1. 服装号型的定义是什么?

2. 人体体型分几类? 是怎样分类的?

3. 什么是服装号型系列? 号型系列是如何分档的?

4. 号型的配置形式有哪几种?

5. 如何运用服装号型选购服装?

项目五　结构制图基础知识

一、项目目标

（一）知识目标

了解服装结构制图的标准与要求，熟悉服装制图的代号和符号。

（二）能力目标

能将服装制图术语及符号运用于服装结构制图中。

（三）素质目标

在工作过程（或小组学习活动）中培养健康生活、乐于学习、工匠精神、安全生产、审美情趣等纺织服装从业人员的职业道德。引导学生逐步形成善思考、勤动手的良好习惯。

二、项目引入

又到了开学季，每天参观学校的人络绎不绝。昨天来了一位新同学，被展出的学生作品直裙结构制图吸引住了，非常有礼貌地问老师：$W/4$代表什么？$H/4$代表什么？有了这个图是不是就可以裁剪了？老师一一答复了她的提问，并讲解了如何才能画出这类图的相关知识，让我们也跟着学起来。

三、项目实施

（一）服装结构制图主要部位代号

常用的服装结构制图主要部位代号，见表1–7。

表1-7　服装结构制图主要部位代号

序号	代号	部位中文	部位英文	序号	代号	部位中文	部位英文
1	N	领围	Neck Girth	24	BN	后领围	Back Neck
2	B	胸围	Bust Girth	25	CL	上胸围线	Chest Line
3	W	腰围	Waist Girth	26	FCL	前中心线	Front Center Line
4	H	臀围	Hip Girth	27	BCI	后中心线	Back Center Line
5	TS	大腿根围	Thigh Size	28	FWI	前腰节长	Front Waist Length
6	NL	领围线	Neck Line	29	BWL	后腰节长	Back Waist Length
7	FN	前领围	Front Neck	30	FR	前上裆	Front Rise
8	BL	胸围线	Bust Line	31	BR	后上裆	Back Rise
9	UBL	下胸围线	Under Bust Line	32	S	肩宽	Shoulder Width
10	WL	腰围线	Waist Line	33	FBW	前胸宽	Front Bust Width
11	MHL	中臀围线	Middle Hip Line	34	BBW	后背宽	Back Bust Width
12	HL	臀围线	Hip Line	35	TL	裤长	Trousers Length
13	EL	肘线	Elbow Line	36	IL	股下长	Inside Length
14	KL	膝盖线	Knee Line	37	SB	脚口	Slacks Bottom
15	BP	胸点	Bust Point	38	SC	领座	Stand Collar
16	SNP	颈侧点	Side Neck Point	39	CR	领高	Collar Rib
17	FNP	前颈点	Front Neck Point	40	EL	肘长	Ellbow Lengt
18	BNP	后颈点	Back Neck Point	41	HS	头围	Head Size
19	SP	肩端点	Shoulder Point	42	AT	袖山	Arm Top
20	AH	袖窿	Arm Hole	43	BC	袖肥	Bilceps Circumference
21	L	衣长	Length	44	AHL	袖窿深	Arm Hole Line
22	FL	前衣长	Front Length	45	SL	袖长	Sleeve Length
23	BL	后衣长	Back Length	46	C W	袖口	Cuff Width

（二）服装结构制图图线

服装结构制图图线形式、规定及用途见表1-8。

表1-8 服装结构制图图线

序号	图线名称	图线形式	图线宽度	图线用途
1	粗实线	━━━━━	0.9mm	服装和零部件轮廓线 部位轮廓线
2	细实线	────	0.3mm	图样结构的基本线 尺寸线和尺寸界线 引出线
3	虚线	··········	0.3mm	叠面下层轮廓影示线
4	点划线	·—·—·	0.9mm	对折线（对称部位）
5	双点划线	··—·—··	0.3～0.9mm	折转线（不对称部位）

（三）服装结构制图符号

服装结构制图符号、名称、用途见表1-9。

表1-9 服装结构制图符号

序号	符号	名称	用途
1	⟨←⟩	等长	表示两线段长度相等
2	○ □ △	等量	表示两个以上部位等量
3	⌒⌒⌒⌒	等分	表示该段距离平均等分
4	←──→	经向号	对应布料经向
5	──────▶	顺向号	顺毛或图案的正立方向
6	──③──	顺序号	制图的先后顺序
7	≺── ◇	省缝	表示该部位需缝去
8	◩◩◩	裥位	表示该部位有规则折叠
9	∿∿∿	皱褶	表示布料直接收拢成细褶
10	└┘ ⌐┐	直角	表示两线互相垂直

续表

序号	符号	名称	用途
11		连接	表示两部位在裁片中相连
12		阴裥	表示裥量在内的折裥
13		明裥	表示裥量在外的折裥
14		斜料	对应布料斜向
15		间距	表示两点间距离
16		拔伸	表示该部位经熨烫后拔开、伸长
17		归缩	表示该部位经熨烫后归缩
18		扣眼	表示扣眼位置
19		扣位	表示纽扣位置
20		花边	表示该部位装花边
21		明线	表示该部位缉明线
22		拉链	表示该部位装拉链
23		螺纹	表示该部位装螺纹边

（四）服装结构制图的标准与要求

根据服装结构制图行业标准FZ/T 80009—2004的具体内容与要求：服装结构制图中的制图比例、字体大小、尺寸标注、图纸布局、计量单位等必须符合统一的标准，才能使制图规范化。

1. 制图比例

服装结构制图比例，是指制图时图形的尺寸与服装部位（衣片）的实际大小尺寸之比。常用服装制图比例，见表1–10。

表1-10 常用服装制图比例

序号	名称	含义	举例
1	等比	与实物相同	1：1
2	缩比	缩小的比例	1：2、1：3、1：4、1：5、1：6、1：10
3	倍比	放大的比例	2：1、4：1

2. 图纸规格

常用图纸规格，见表1-11。

表1-11 常用图纸规格 单位：mm

幅宽代号	A0	A1	A2	A3	A4
B×L	841×1189	594×841	420×594	297×420	210×297
C	10	10	10	5	5
A	25	25	25	25	25
备注	表中B为图纸宽；L为图纸长；C为图纸边框；A为图纸装订边				

3. 图纸布局和标题栏格式

（1）图纸标题栏位置应在图纸的右下角。服装款式图的位置应在标题栏的上面，服装部件和零部件的制图位置应在服装款式图的左边。

（2）图纸标题栏的格式，见表1-12。

表1-12 图纸标题栏的格式

图名						单位			
号型						产品			
比例									
面料									
辅料									
成品规格	部位	cm	部位	cm	图纸详情	设计		日期	
						制图		日期	
						描图		日期	
						校对		日期	
						审定		日期	

4. 字体要求

图纸中的文字、数字、字母都必须做到字体端正，笔画清楚，排列整齐，间隔均匀。

5. 尺寸标注

（1）服装各部位及零部件的实际大小以图样上所标注的尺寸数值为准，单位一律为厘米（cm）。

（2）服装制图部位、部件的每一尺寸，一般只标注一次，并应标注在该结构最清晰的图形上。

（3）尺寸线用细实线绘制，其两端箭头应指到尺寸界线。制图结构线不能代替尺寸线，一般也不得与其他图线重合或画在其延长线上。

（4）需要标明直距离的尺寸时，尺寸数字一般应标在尺寸线的左面中间，如直距位置小，应将轮廓线的一端延长，在上下箭头的延长线上标注尺寸数字。

（5）需要标明横距离的尺寸时，尺寸数字一般应标在尺寸线的上方中间，如横距尺寸位置小，需用细实线引出使之成为一个三角形，尺寸数字就标在三角形的附近。

（6）需要标明斜距离的尺寸时，需用细实线引出，使之成为角形，并在角的一端绘制一条横线，尺寸数字就标在该横线上。

（7）尺寸数字不可被任何图线通过，当无法避免时，必须将该图线断开或用弧线表示，尺寸数字就标在弧线或断开线的中间。

（8）尺寸界线用细实线绘制，可以利用轮廓线引出作为尺寸界线。尺寸界线一般应与尺寸线垂直，弧线、三角形和尖形尺寸除外。

（五）服装结构制图的尺制与换算

在量体裁制中，一般经常使用的尺制有：公制、英制和市制三种。服装工业系统以公制、英制为主。服装商业系统以公制、市制为主。

1. 长度计量单位的种类

（1）公制。

①公制是国际通用的计量单位。

②服装上常用的计量单位是毫米（mm）、厘米（cm）、分米（dm）、米（m）。

③以厘米（cm）为最常用。

④公制的计量单位计算简便，已成为我国通用的计量单位，也是我国法定计量单位。

（2）市制。

①市制是过去我国习惯通用的计量单位。

②服装上常用的长度计量单位是：市分、市寸、市尺、市丈。

③以市寸为最常用，现已不通用。

（3）英制。

①英制是英、美等英语国家中习惯使用的计量单位。

②我国对外生产的服装规格使用英制。

③服装上常用的英制长度计量单位是：英寸、英尺、码。

④英制由于不是十进位制，进位较复杂，计算不方便。

2. 公制、市制、英制的换算（表1-13）

（1）公制：以米（m）为标准单位，比米大的单位有千米（km），1米＝10分米（dm）＝100厘米（cm）＝1000毫米（mm）。

（2）英制：以英寸为基本单位，1码＝3英尺，1英尺＝12英寸。

表1-13 公制、市制、英制的换算表

尺制	换算公式	换算关系
公制	换算成市制：厘米×3	1米＝3尺≈39.37英寸
		1分米＝3寸≈3.93英寸
	换算成英制：厘米÷2.54	1厘米＝3分≈0.39英寸
英制	换算成公制：英寸×2.54	1码≈91.44厘米≈27.43寸
		1英尺≈30.48厘米≈9.14寸
	换算成市制：英寸×0.762	1英寸≈2.54厘米≈0.76寸
市制	换算成公制：寸÷3	1尺≈3.33分米≈13.12英寸
		1寸≈3.33厘米≈1.31英寸
	换算成英制：寸÷0.762	1分≈3.33厘米

专业应知知识拓展训练 ••••••••••••••••••••••••••••••

1. 熟记服装结构制图主要部位代号。

2. 掌握服装结构制图图线和符号。

3. 服装结构制图的标准与要求有哪些？

4. 服装结构制图的尺制有哪三种？熟悉三者之间的换算关系。

02

模块二
典型部件结构设计

项目一　贴袋结构设计
项目二　开衩结构设计
项目三　插袋结构设计
项目四　嵌线袋结构设计
项目五　衬衫领结构设计
项目六　装腰型门里襟拉链结构设计

★学习目标

学生通过典型成品，能按部件款式图和技术指标要求熟练绘制典型部件——袋、衩、领、装拉链门襟等典型部件结构设计。为理论联系实际、提高动手操作的能力打下基础，并能做到典型部件局部变化，使其一通百通，为以后整体服装的结构设计提供帮助。

★学习方法

学生结合情境视频、项目引领法、教师演示法等方式，以在工作过程或小组合作为学习单位，掌握常用工具、专用工具、计算机平面设计软件、计算机辅助软件、典型部件等基础知识。有条件的情况下，建议可以以企业或校中厂时间、技术指标要求等方式训练。

项目一 贴袋结构设计

一、项目目标

（一）知识目标

理解贴袋结构图的质量要求，掌握贴袋结构图的技术要点和需要的零部件。

（二）能力目标

熟练绘制贴袋结构图，掌握其绘制技能技巧和变化款的绘制。

（三）素质目标

在工作过程（或小组学习活动）中培养合作意识，引导学生逐步形成善思考、勤动手的良好习惯。

二、项目引入

在校学生的手机管理是大事，为了方便管理，老师想出了做贴袋放手机的好方法（一整块布料上一机一袋）。组织学生着手完成贴袋的设计、制板和制作。

贴袋结构设计是服装构成中的重要组成部分，它既有实用性，又有装饰性。贴袋分为平贴袋和箱式贴袋。通过尖角贴袋的学习，对灵活把握箱式贴袋有一定帮助。

三、项目实施

（一）尖角贴袋结构设计

以尖角贴袋为例，绘制衣袋的结构制图，并进行衣袋的制板和制作。

1. 认识尖角贴袋

图2-1所示的款式为尖角贴袋，多用于男衬衫胸袋或工装服上。首先在制板纸上绘制25cm×23.5cm的衣片部分结构图，并在衣片中间绘制一个尖角贴袋。

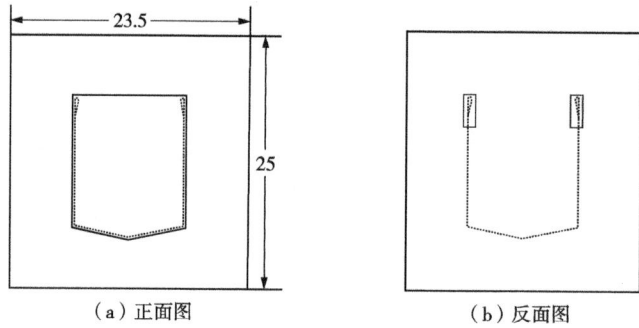

（a）正面图　　　　　　　　　（b）反面图

图2-1　尖角贴袋

2. 成品规格

衣片部分裁片、尖角贴袋的规格尺寸，见表2-1。

表2-1　规格尺寸表　　　　　　　　　　　　单位：cm

号型	170/88A				
部位	裁片长	裁片宽	袋长	袋宽	尖高
规格	25	23.5	13	11.5	1.5

3. 尖角贴袋结构部件

尖角贴袋结构部件及贴袋在衣片的定位，如图2-2所示。

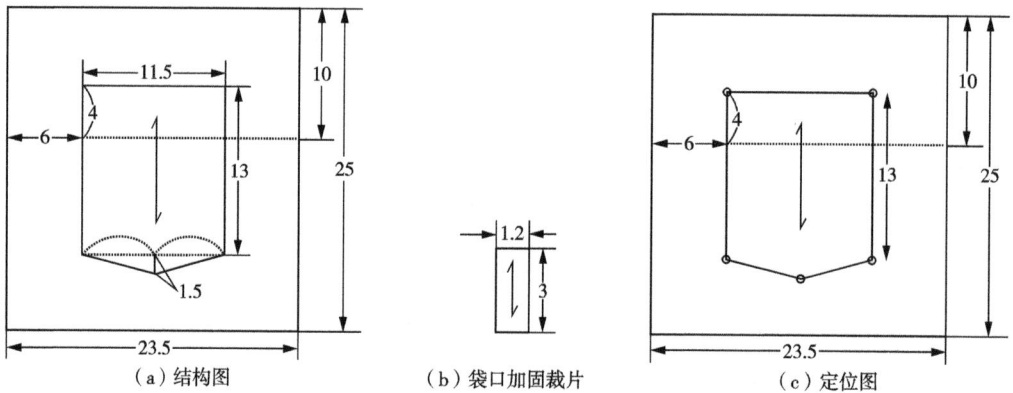

（a）结构图　　　　（b）袋口加固裁片　　　　（c）定位图

图2-2　尖角贴袋结构部件及定位图

4. 尖角平贴袋制作

在尖角贴袋净样［图2-3（a）］上按图2-3（b）所示的尺寸加放松量，然后按图2-3（c）所示规格尺寸扣烫贴袋。

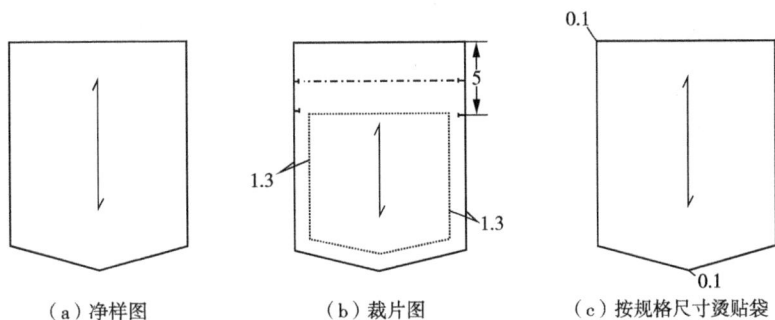

（a）净样图　　　　　（b）裁片图　　　　　（c）按规格尺寸烫贴袋

图2-3　尖角平贴袋制作

（二）项目质量检验评价（表2-2）

表2-2　贴袋质量检验评价

学生姓名		班级		综合得分			
科目		小组		评价	自评得分	组评得分	师评得分
检测项目	检测内容	评分标准		配分			
贴袋结构设计	衣片、贴袋结构图齐全	衣片、贴袋、加固片结构图缺少一个扣5分		15			
	结构图各部位标记准确	各部位标记有误扣1分，多标、漏标每处各扣2分		15			
	画线顺直，画线清晰，画线准确	画线不顺直，每处扣1分，画线不清晰扣3分，画线不准确扣3分		15			
	丝缕标注准确	丝缕漏标一处扣2分，标注错误一处扣3分		15			
时间	在规定时间内完成	每超过10分钟，扣2.5分		10			
工具	使用工具正确	未正确使用相应工具扣5分		10			
整洁	完成结构制图后，作品画面整洁	完成结构制图后，作品画面不整洁扣10分		10			
安全	安全	在制图中未按要求执行，出现安全事故扣10分		10			
企业质检评定等次	优质品（　　　）　　良品（　　　）　　合格品（　　　）　　次品（　　　）						
学生签字		组长签字		老师签字		师傅签字	

四、应会技能操作拓展

（一）圆角贴袋结构设计

1. 认识圆角贴袋

图2-4所示的款式为圆角贴袋，多用于男衬衫胸袋或工装服装上。在制板纸上完成25cm×23.5cm的衣片部分结构图，并在衣片中间绘制一个圆角贴袋。

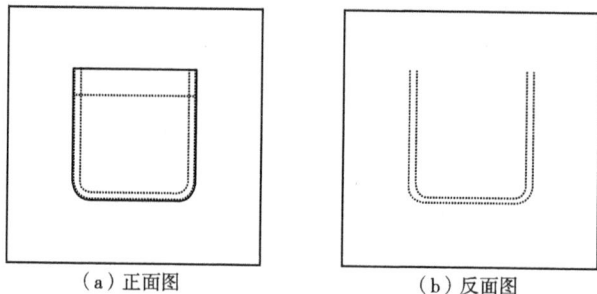

（a）正面图　　　　　　　　（b）反面图

图2-4　圆角贴袋

2. 成品规格

衣片裁片和圆角贴袋的规格尺寸见表2-3。

表2-3　规格尺寸表　　　　　　　　单位：cm

号型	160/84A				
部位	裁片长	裁片宽	袋长	袋宽	圆度高
规格	25	23.5	13	11.5	2

3. 圆角贴袋结构部件

圆角贴袋的结构以及贴袋在衣片的位置如图2-5所示。

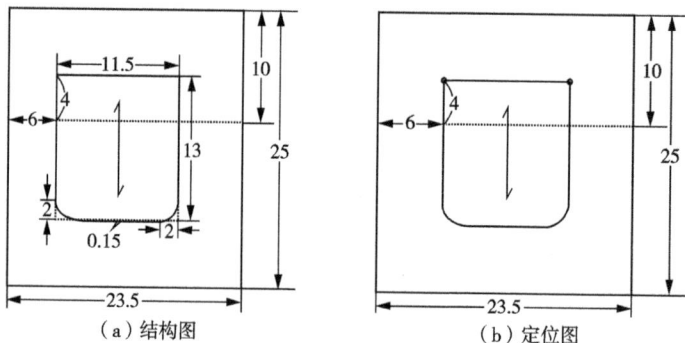

（a）结构图　　　　　　　　（b）定位图

图2-5　圆角贴袋结构部件及定位图

4. 圆角贴袋制作

在圆角贴袋净样 [图2-6（a）] 上按图2-6（b）所示的尺寸加放松量，然后按图2-6（c）所示净样尺寸扣烫贴袋。

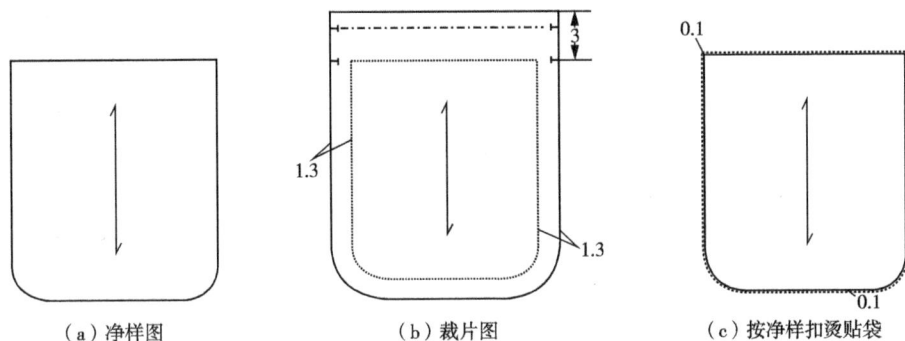

（a）净样图　　　　　　　　（b）裁片图　　　　　　（c）按净样扣烫贴袋

图2-6　圆角贴袋制作

（二）箱式贴袋结构设计

1. 认识箱式贴袋

图2-7所示的款式为箱式贴袋，多用于工装或特种作业服装上。在制板纸上完成30cm×35cm的衣片部分结构图，并在衣片中间绘制一个箱式贴袋。

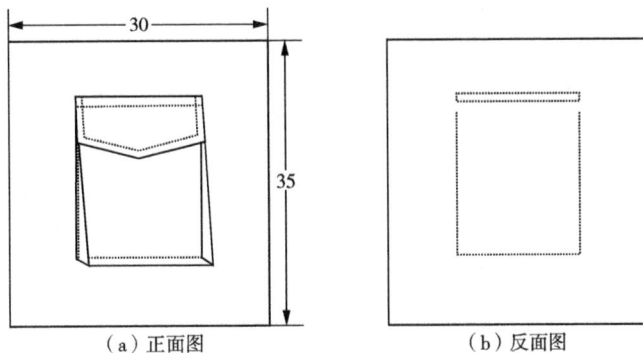

（a）正面图　　　　　　　　　　　（b）反面图

图2-7　箱式贴袋

2. 成品规格

衣片裁片和箱式贴袋的规格尺寸见表2-4。

表2-4　规格尺寸表　　　　　　　　　　　　　　　　　单位：cm

号型	160/84A				
部位	裁片长	裁片宽	袋长	袋宽	袋口边
规格	35	30	13	11.5	1.5

3. 箱式贴袋结构部件

箱式贴袋的结构以及贴袋在衣片的位置如图2-8所示。

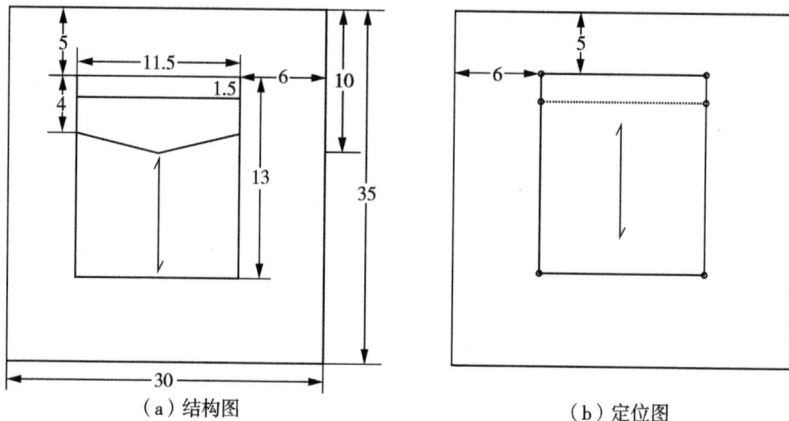

（a）结构图　　　　　　　　　　　（b）定位图

图2-8　箱式贴袋结构部件及定位图

4. 箱式贴袋制作（图2-8、图2-9）

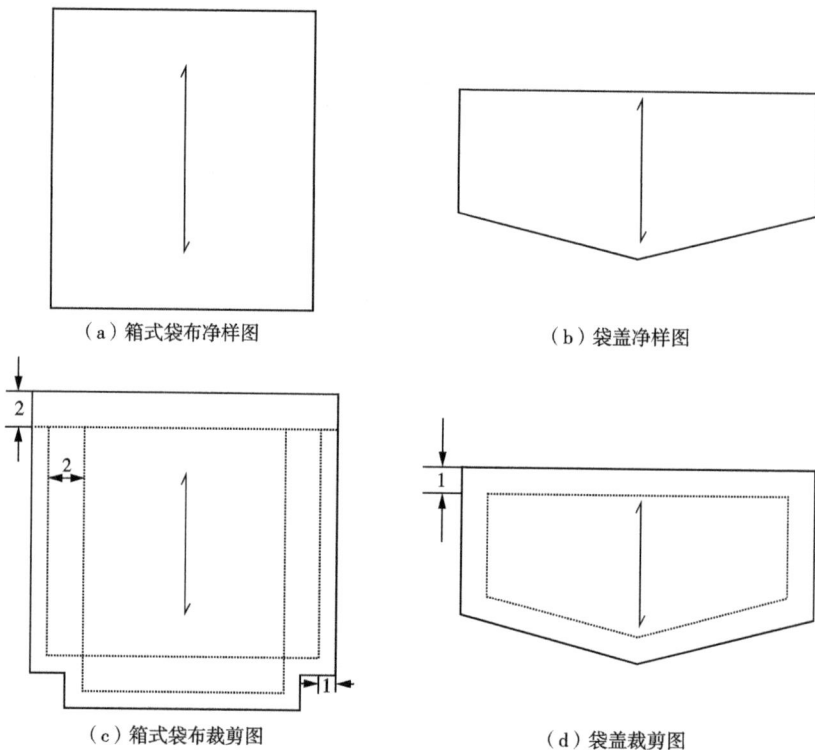

（a）箱式袋布净样图　　　　　　　　　（b）袋盖净样图

（c）箱式袋布裁剪图　　　　　　　　　（d）袋盖裁剪图

图2-9　箱式贴袋制作

专业应知知识拓展训练 ●

根据尖角贴袋、圆角贴袋的结构图规格尺寸要求，绘制箱式贴袋结构图。

项目二　开衩结构设计

一、项目目标

（一）知识目标

理解开衩结构图的质量要求，掌握开衩结构图的技术要点和需要的零部件。

（二）能力目标

熟练绘制开衩结构图，掌握其绘制技能技巧和变化款的绘制。

（三）素质目标

在工作过程（或小组学习活动）中培养学生合作意识，引导学生逐步形成善思考、勤动手的良好习惯。

二、项目引入

一位女老师网购了一条紧身裙，收货后试穿发现有点迈不开腿，想退换货，但觉得买的便宜，不想承担运费还麻烦。于是找到服装专业的老师咨询，最终以增加开衩的方法解决了问题。

开衩结构设计是服装结构设计中的重要组成部件，它既有实用性，又有装饰性。开衩分为衣身开衩和袖开衩。通过分析衣身、衣袖开衩结构设计的特点，了解和掌握其结构制图，并且把握衣身、衣袖开衩结构制图的变化。

三、项目实施

（一）衣身开衩结构设计

1. 认识衣身开衩

图2-10所示为衣身开衩结构图，开衩多用于大衣、西服、裤、裙等服装上。在制板

纸上完成35cm×38cm的衣片部分结构图，并在衣片中缝处绘制一个16cm长的衣身开衩。

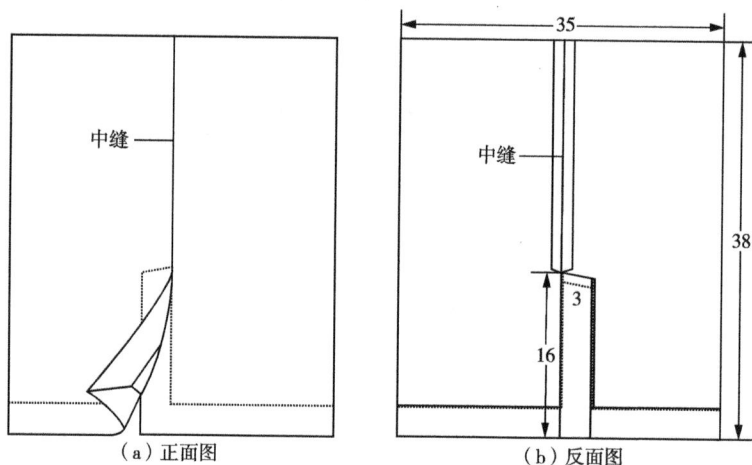

图2-10　衣身开衩结构图

2. 成品规格

衣片裁片和衣身开衩的规格尺寸，见表2-5。

表2-5　规格尺寸表　　　　　　　　　　　单位：cm

号型	160/64A，160/84A			
部位	衣片长	衣片宽	衩长	衩宽
规格	38	35	16	3

3. 衣身开衩结构部件

衣身开衩结构分为左开衩和右开衩，见图2-11（a）。左衩片一片，展开图见图2-11（b），右衩片一片，展开图见图2-11（c）。

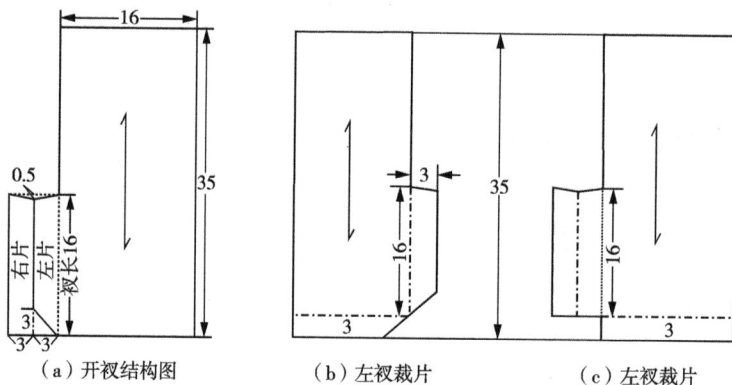

（a）开衩结构图　　　　（b）左衩裁片　　　　（c）左衩裁片

图2-11　衣身左、右衩片结构图

4. 衣身开衩结构设计

衣身左、右衩裁片图，见图2-12。

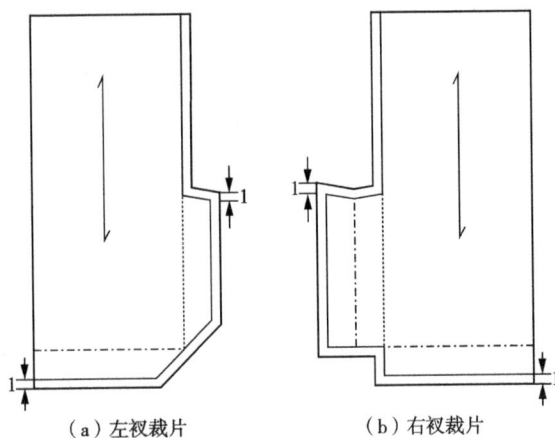

（a）左衩裁片　　　　　（b）右衩裁片

图2-12　衣身左、右衩裁片图

衣身左、右衩衬料制板图和裁片图，见图2-13。

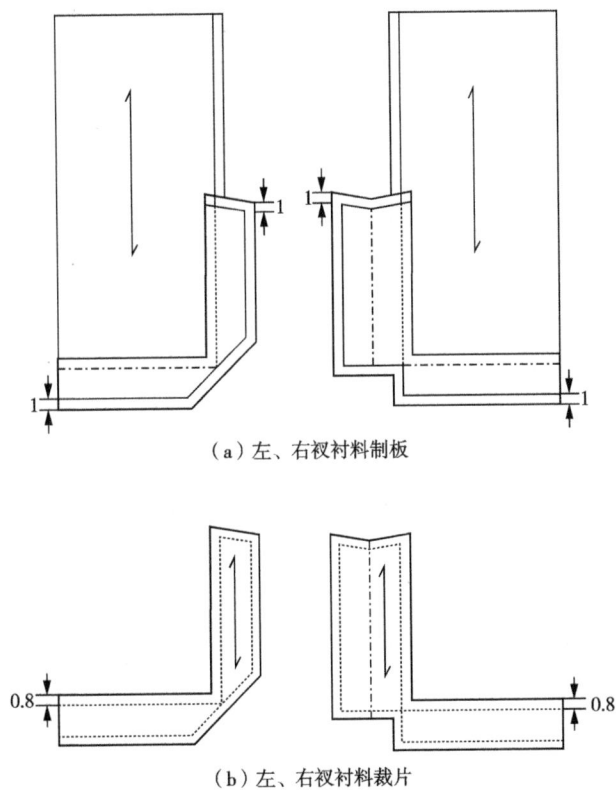

（a）左、右衩衬料制板

（b）左、右衩衬料裁片

图2-13　衣身左、右衩衬料制板图和裁片图

模块二

（二）项目质量检验评价（表2-6）

表2-6　衣身开衩质量检验评价

学生姓名		班级		综合得分			
科目		小组		评价	自评得分	组评得分	师评得分
检测项目	检测内容	评分标准		配分			
衣身开衩结构设计	衣身左、右衩裁片结构图；左、右衩裁片图；左、右衩衬料图齐全	衣身左、右衩裁片结构图；左、右衩裁片图；左、右衩衬料图缺少一图扣2分		15			
	结构图各部位标记准确	各部位标记有误扣2分，多、漏、错每处各扣2分		15			
	画线要顺直、清晰、准确	画线不顺直，每处扣1分，不清晰扣3分，不准确扣3分		15			
	丝缕标注准确	丝缕漏标一处扣2分，标注错误一处扣3分		15			
时间	在规定时间内完成	每超过10分钟，扣2.5分		10			
工具	使用工具正确	未正确使用相应工具扣5分		10			
整洁	完成结构制图后，作品画面要整洁	完成结构制图后，作品画面不整洁扣10分		10			
安全	安全	在制图中未按要求执行，出现安全事故扣10分		10			
企业质检评定等次	优质品（　　） 良品（　　） 合格品（　　） 次品（　　）						
学生签字	组长签字		老师签字			师傅签字	

四、应会技能操作拓展

（一）男衬衫袖衩结构设计

1. 认识男衬衫袖衩

图2-14所示为男衬衫袖衩结构设计，多用于男衬衫或男夹克衫服装。在制板纸上完成32cm×30cm的袖片结构图，并在袖片后1/4处绘制包括面衩、底衩的袖衩图。

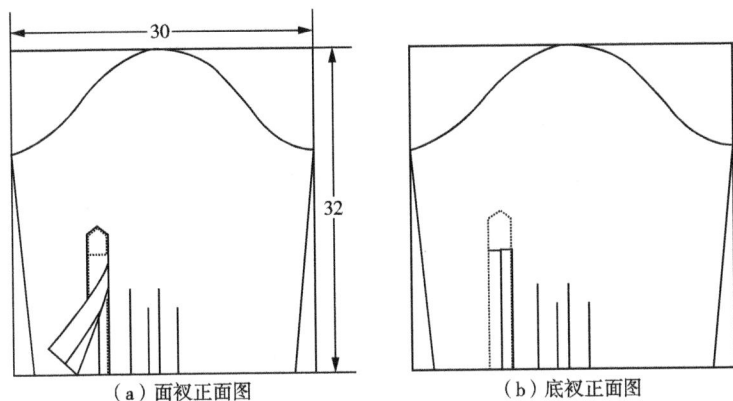

（a）面衩正面图　　　　　　　　　（b）底衩正面图

图2-14　男衬衫袖衩结构图

2. 成品规格

袖片裁片和袖衩的规格，见表2-7。

表2-7　规格尺寸表 单位：cm

号型	170/88A				
部位	袖片长	袖片宽	面衩	底衩	衩宽
规格	32	30	16	12	0.8

3. 男衬衫袖衩结构部件

男衬衫袖片结构图以及袖衩在袖片的位置，见图2-15（a），袖衩的面衩1片结构、尺寸见图2-15（b），底衩1片结构、尺寸见图2-15（c），面衩裁片净样图、底衩裁片净样图见图2-15（d）。

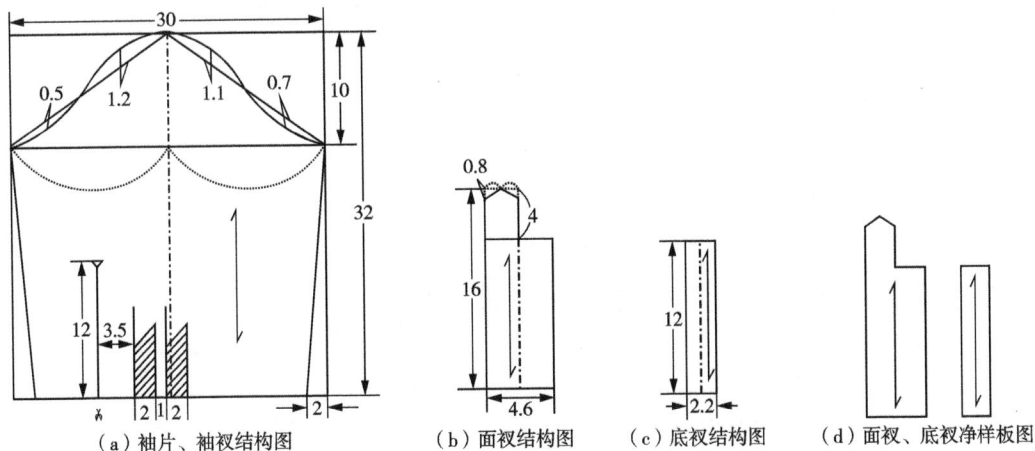

（a）袖片、袖衩结构图　　（b）面衩结构图　　（c）底衩结构图　　（d）面衩、底衩净样板图

图2-15　男衬衫袖片结构部件

4.男衬衫袖衩制作

在男衬衫面衩、底衩净样上按图2-16（a）、图2-16（b）所示的尺寸加放松量，然后按规格将其扣烫定型，如图2-16（c）所示。

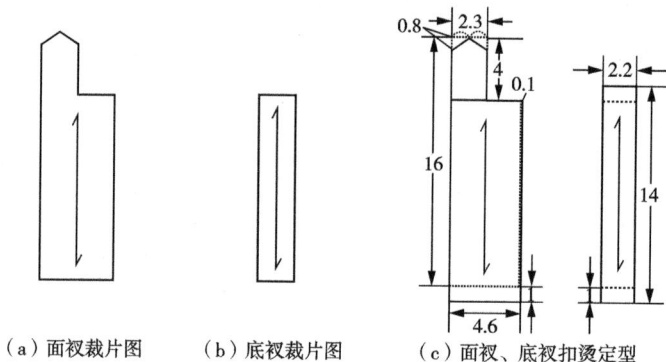

（a）面衩裁片图　（b）底衩裁片图　（c）面衩、底衩扣烫定型

图2-16　男衬衫袖衩制作

（二）女衬衫袖衩结构设计

1.认识女衬衫袖衩

图2-17所示为女衬衫袖衩结构，多用于女衬衫上。在制板纸上完成32cm×30cm的袖片结构图，并在袖片后1/4处绘制袖衩。

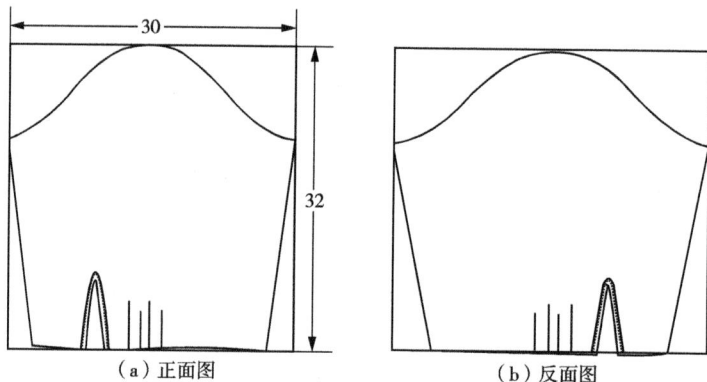

（a）正面图　　　　　（b）反面图

图2-17　女衬衫袖衩结构

2.成品规格

袖衩裁片和袖衩规格尺寸，见表2-8。

表2-8　规格尺寸表　　　　　　　　　　　　单位：cm

号型	160/84A			
部位	袖片长	袖片宽	袖衩包条长	袖衩包条宽
规格	32	30	16	2.2

3. 女衬衫袖衩结构部件

女衬衫袖片结构图以及袖衩在袖片的位置，见图2-18（a），袖衩包条1片结构、尺寸见图2-18（b），净样图见图2-18（c）。

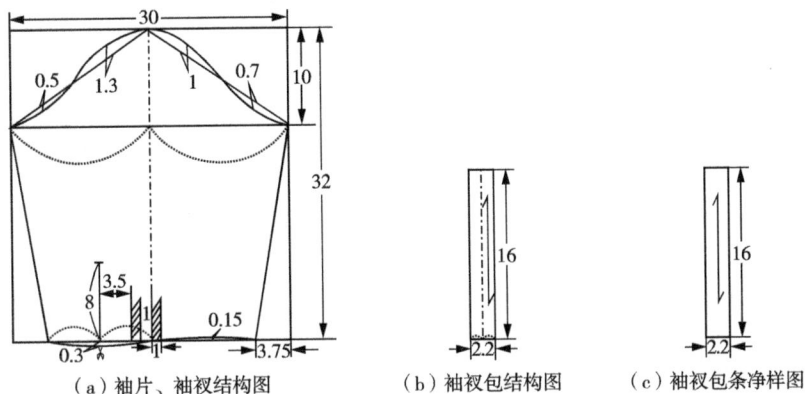

（a）袖片、袖衩结构图　　　（b）袖衩包结构图　　　（c）袖衩包条净样图

图2-18　女衬衫袖片结构部件

4. 女衬衫袖衩制作

在女衬衫袖衩包条净样上按图2-19（a）所示的尺寸加放松量，然后按规格将其扣烫定型，如图2-19（b）所示。

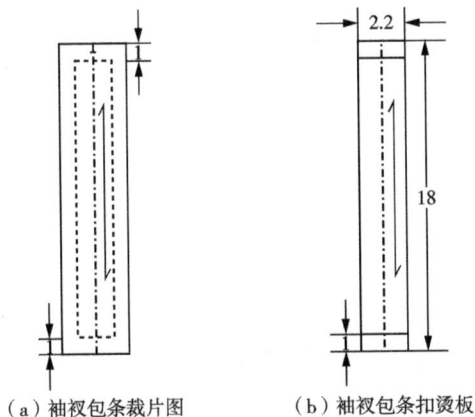

（a）袖衩包条裁片图　　　　（b）袖衩包条扣烫板

图2-19　女衬衫袖衩制作

专业应知知识拓展训练 ·····················

根据开衩的结构图及要求，绘制T恤衫领口衩、旗袍下摆衩等的结构图。

项目三　插袋结构设计

一、项目目标

（一）知识目标

理解插袋结构图的质量要求，掌握插袋结构图的技术要点和需要的零部件。

（二）能力目标

熟练绘制插袋结构图，掌握其绘制技能技巧和变化款的绘制。

（三）素质目标

在工作过程（或小组学习活动）中培养学生合作意识，引导学生逐步形成善思考、勤动手的良好习惯。

二、项目引入

电工师傅急急忙忙找到甘老师，说他正在干活，需要拿几种工具，但拿在手上操作又不方便，同时周围没有地方可放置工具，他请求甘老师能不能在他裤子上加个口袋，甘老师仔细分析后，决定加两个插袋。随即便开始工作。

插袋结构是服装结构设计中的重要组成部件，它既有实用性，又有装饰性。插袋分为斜插袋和直插袋。通过分析斜插袋的特点，了解和掌握其结构图，以便把握直插袋、缝内袋等结构设计变化。

三、项目实施

（一）斜插袋结构设计

1. 认识斜插袋

图2-20所示为斜插袋，多用于裤装上。在制板纸上完成35cm×29cm的前裤片结构

（a）正面图　　　　　　　　（b）反面图

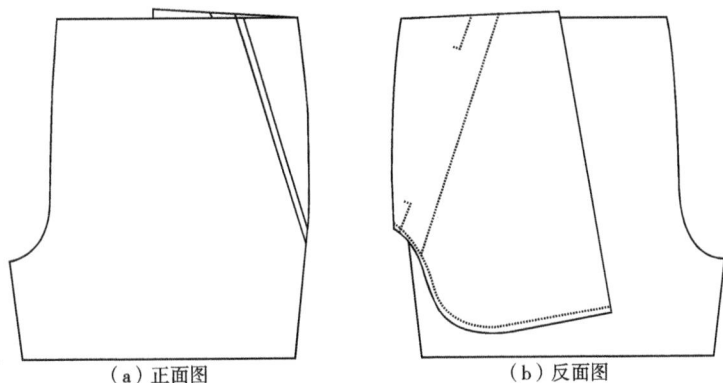

图2-20　斜插袋款式图

图，并由侧缝上端向下3cm处完成一个长为16cm的斜插袋。

2. 成品规格

裤片、斜插袋的规格尺寸，见表2-9。

表2-9　规格尺寸表　　　　　　　　　　单位：cm

号型	160/64A					
部位	裤片长	裤片宽	袋口长	袋口宽	袋布长	袋布宽
规格	35	29	15	4.5	31	16

3. 斜插袋结构部件

斜插袋裤片结构，如图2-21（a）所示，袋布、垫布结构，如图2-21（b）所示，斜插袋袋布展开结构图以及斜插袋垫布裁片，如图2-22所示。

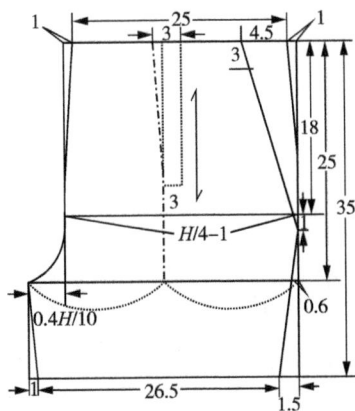

（a）斜插袋裤片结构图　　　　　　（b）袋布、垫布结构图

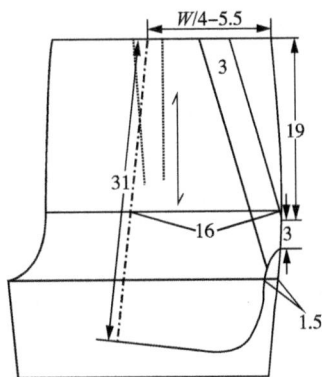

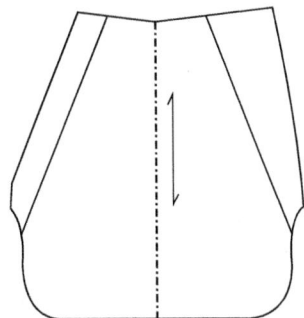

图2-21　斜插袋结构部件

图2-22　袋布、垫布展开图

4.斜插袋结构设计

斜插袋裤片裁片、袋布裁片、垫布裁片如图2-23所示。

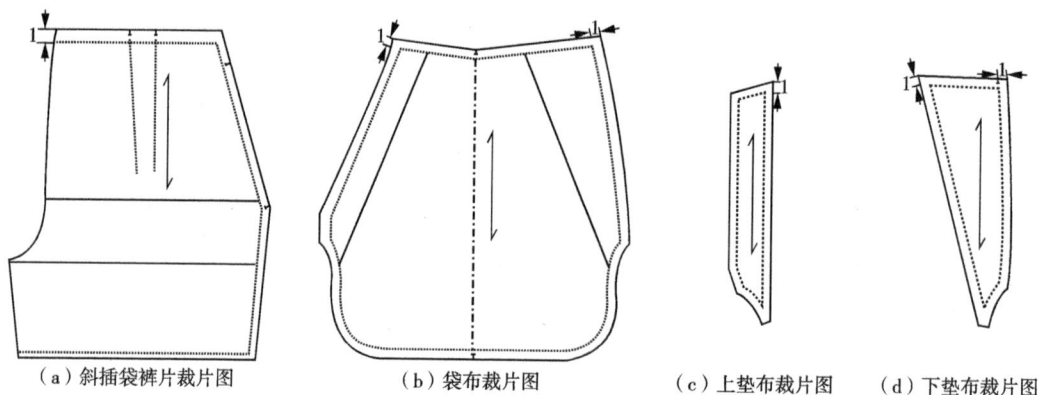

（a）斜插袋裤片裁片图　　　　（b）袋布裁片图　　　　（c）上垫布裁片图　　（d）下垫布裁片图

图2-23　斜插袋结构设计

（二）项目质量检验评价（表2-10）

表2-10　斜插袋质量检验评价

学生姓名		班级		综合得分			
科目		小组		评价	自评得分	组评得分	师评得分
检测项目	检测内容		评分标准	配分			
斜插袋结构设计	斜插袋结构图，插袋袋布展开图，插袋布，垫布裁片图齐全		斜插袋结构图，插袋袋布展开图，插袋布、垫布裁片图缺少一个扣2分	15			
	结构图各部位标记准确		各部位标记有误扣2分，多、漏、错每处各扣2分	15			
	画线要顺直、清晰、准确		画线不顺直，每处扣1分，不清晰扣3分，不准确扣3分	15			
	丝缕标注准确		丝缕漏标一处扣2分，标注错误一处扣3分	15			
时间	在规定时间内完成		每超过10分钟，扣2.5分	10			
工具	使用工具正确		未正确使用相应工具扣5分	10			
整洁	完成结构制图后，作品画面整洁		完成结构制图后，作品画面不整洁扣10分	10			

安全	安全	在制图中未按要求执行，出现安全事故扣10分	10		
企业质检评定等次	优质品（　　） 良品（　　） 合格品（　　） 次品（　　）				
学生签字		组长签字		老师签字		师傅签字	

模块二

四、应会技能操作拓展

直插袋结构设计

1. 认识直插袋

图2-24所示的款式是直插袋结构设计，多用于裤装或夹克衫上。在制板纸上完成35cm×29cm的前裤片结构图，并在侧缝上端向下3cm处完成一个长为16cm的直插袋。

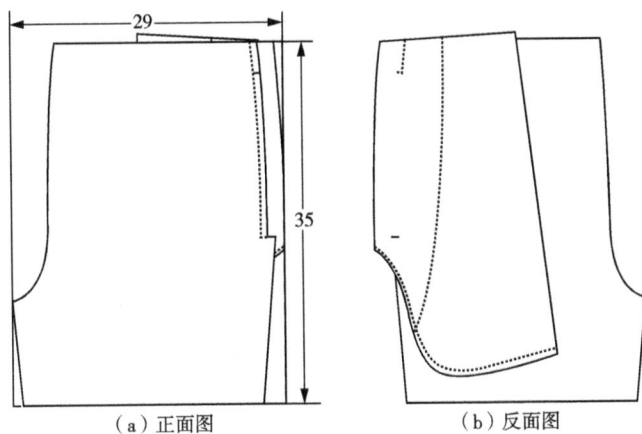

（a）正面图　　　　　　（b）反面图

图2-24　直插袋款式图

2. 成品规格

裤片、直插袋的规格尺寸，见表2-11。

表2-11　规格尺寸表　　　　　　　　　　　单位：cm

号型	160/64A				
部位	裤片长	裤片宽	袋口大	袋布长	袋布宽	袋垫宽
规格	35	29	16	30	16	5

3. 直插袋结构部件

直插袋裤片结构，如图2-25（a）所示，袋布、垫布结构，如图2-25（b）所示，直插袋袋布展开结构图以及直插袋垫布裁片，如图2-26所示。

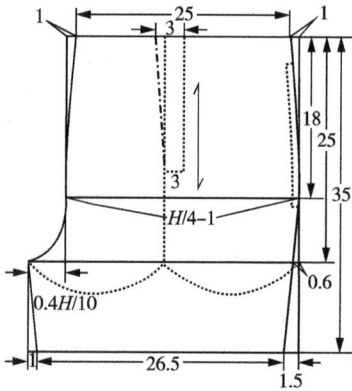

（a）直插袋裤片结构图　　　（b）袋布、垫布结构图

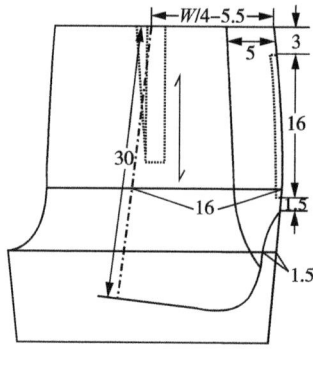

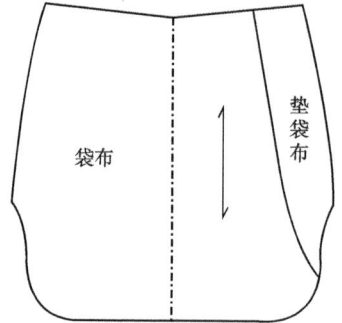

图2-25　直插袋结构部件

图2-26　直插袋、袋布展开图

4. 直插袋结构设计

直插袋裤片裁片、袋布裁片、垫布裁片，如图2-27所示。

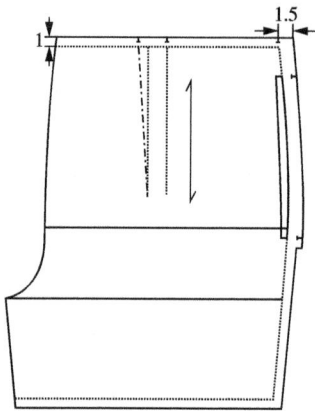

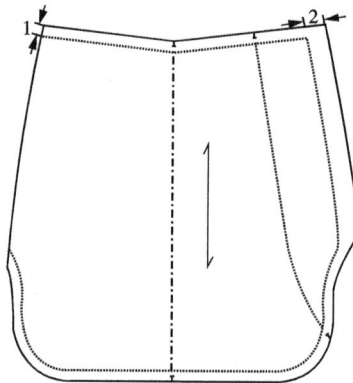

（a）直插袋裤裁片图　　　（b）直插袋袋布裁片图　　　（c）直插袋垫布裁片图

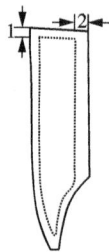

图2-27　直插袋结构设计

专业应知知识拓展训练 • • • • • • • • • • • • • • • • •

根据斜插袋的结构图及规格尺寸要求，绘制其他插袋结构图。

项目四 嵌线袋结构设计

一、项目目标

（一）知识目标

理解嵌线袋结构图的质量要求，掌握嵌线袋结构图的技术要点和需要的零部件。

（二）能力目标

熟练绘制嵌线袋结构图，掌握其绘制技能技巧和变化款的绘制。

（三）素质目标

在工作过程（或小组学习活动）中培养学生合作意识，引导学生逐步形成善思考、勤动手的良好习惯。

二、项目引入

何老师买了一条新裤子，上面有单嵌线开袋，正值学生学习袋型结构，于是以此袋为例，供学生学习。

嵌线袋结构是服装结构设计中的重要组成部件，它既有实用性，又有装饰性。嵌线袋分为单嵌线袋和双嵌线袋。通过分析单嵌线袋款式的特点，了解和掌握其结构图，以便把握双嵌线袋、有袋盖嵌线袋结构设计变化。

三、项目实施

（一）单嵌线袋结构设计

1. 认识单嵌线袋

图2-28所示为单嵌线袋，多用于夹克衫、裤装、裙装等服装上。在制板纸上完成30cm×25cm的衣片结构图，并在衣片中线处绘制一个袋口长为14cm的单嵌线袋。

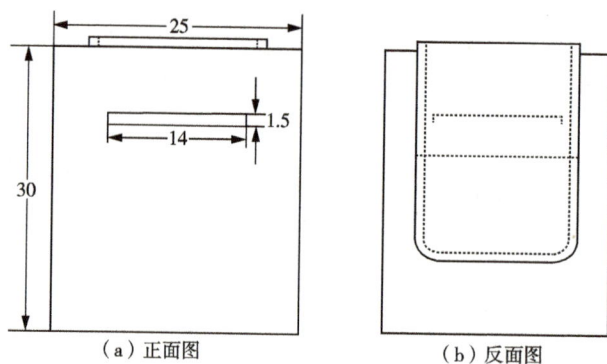

（a）正面图　　　　　　　（b）反面图

图2-28　单嵌线袋款式图

2. 成品规格

衣片、单嵌线袋规格尺寸，见表2-12。

表2-12　规格尺寸表　　　　　　　　　　　　　　　单位：cm

号型	160/84A			
部位	衣片长	衣片宽	单嵌线袋口长	单嵌线袋口宽
规格	30	25	14	1.5

3. 单嵌线袋结构部件

衣片上单嵌线袋结构，如图2-29（a）所示，袋布、袋垫结构，如图2-29（b）所示，袋定位图见图2-30（a），袋口衬料见图2-30（b），袋布裁片见图2-30（c），嵌线条、垫布、嵌线条衬料、袋口衬料裁片各1片，如图2-31所示。

4. 单嵌线袋结构设计（图2-29～图2-31）

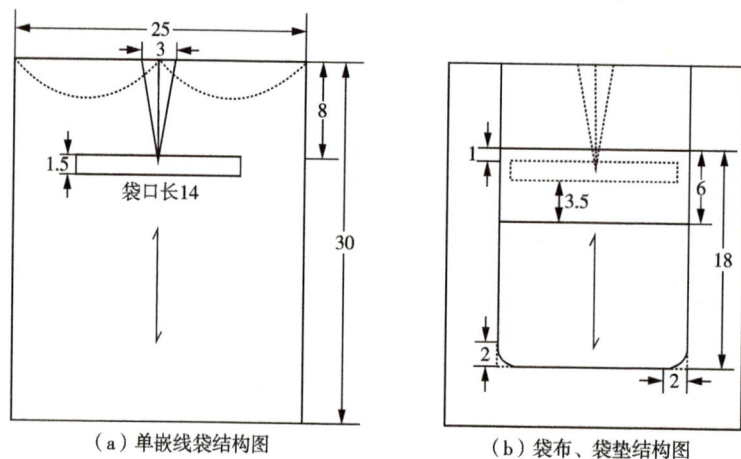

（a）单嵌线袋结构图　　　　　　（b）袋布、袋垫结构图

图2-29　单嵌线袋结构部件

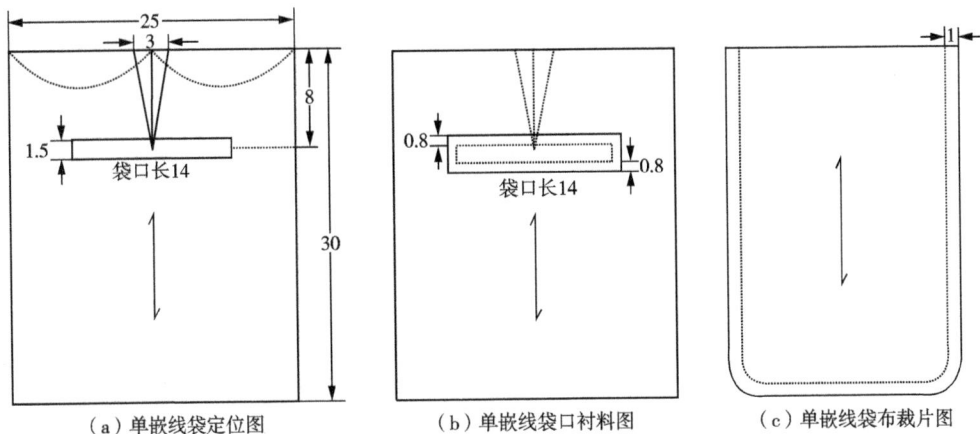

（a）单嵌线袋定位图　　　（b）单嵌线袋口衬料图　　　（c）单嵌线袋布裁片图

图2-30　单嵌线袋各部件裁片图

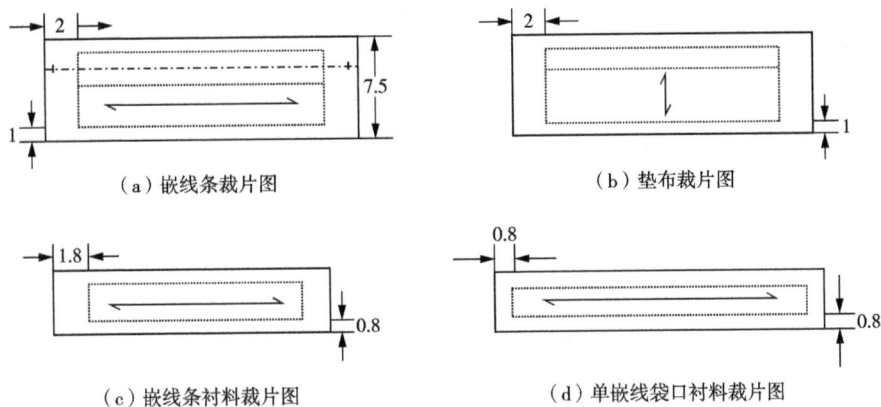

（a）嵌线条裁片图　　　　　　　　（b）垫布裁片图

（c）嵌线条衬料裁片图　　　　　（d）单嵌线袋口衬料裁片图

图2-31　单嵌线袋各部件衬料裁片图

（二）项目质量检验评价（表2-13）

表2-13　嵌线袋质量检验评价

学生姓名		班级		综合得分			
科目		小组		评价	自评得分	组评得分	师评得分
检测项目	检测内容		评分标准	配分			
嵌线袋结构设计	嵌线袋、袋布、袋垫结构图，袋定位图，袋口衬料、袋布裁片图，嵌线条、垫布、嵌线条衬料、袋口衬料裁片图齐全		嵌线袋、袋布、袋垫结构图，袋定位图，袋口衬料、袋布裁片图，嵌线条、垫布、嵌线条衬料、袋口衬料裁片图，缺少一个扣1分	15			

续表

嵌线袋结构设计	结构图各部位标记准确	各部位标记有误扣1分，多、漏每处扣2分	15			
	画线要顺直、清晰、准确	画线不顺直，每处扣1分，不清晰扣1分，不准确扣3分	15			
	丝缕标注准确	丝缕漏标一处扣2分，标注错误，一处扣1分	15			
时间	在规定时间内完成	每超过10分钟，扣2.5分	10			
工具	使用工具要正确	未正确使用相应工具扣2.5分	10			
整洁	完成结构制图后，作品画面要整洁	完成结构制图后，作品画面不整洁扣10分	10			
安全	安全	在制图中未按要求执行，出现安全事故扣10分	10			
企业质检评定等次	优质品（　　　）　　良品（　　　）　　合格品（　　　）　　次品（　　　）					
学生签字		组长签字		老师签字		师傅签字

四、应会技能操作拓展

双嵌线袋结构设计

1. 认识双嵌线袋

图2-32所示为双嵌线袋，多用于裤装、裙装、西服、夹克衫等服装上。在制板纸上完成30cm×25cm的衣片结构图，并在衣片中线处绘制一个袋口长为14cm的双嵌线袋。

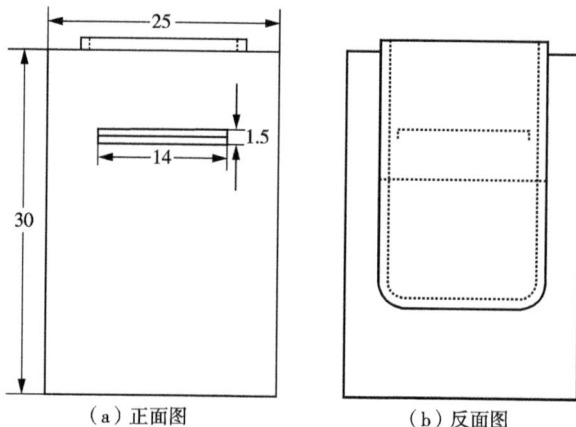

（a）正面图　　　　（b）反面图

图2-32　双嵌线袋款式图

2. 成品规格

衣片、双嵌线袋规格尺寸，见表2-14。

表2-14　规格尺寸表　　　　　　　　　　　　　　　　单位：cm

号型	160/84A			
部位	衣片长	衣片宽	双嵌线袋口长	双嵌线袋口宽
规格	30	25	14	1.5

3. 双嵌线袋结构部件与设计

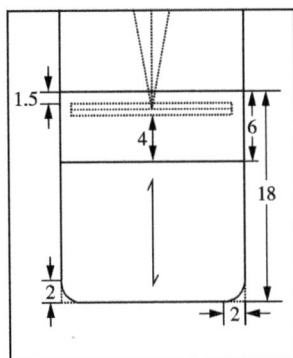

衣片上双嵌线袋结构，如图2-33（a）所示；袋布、袋垫结构，如图2-33（b）所示；袋定位图见图2-33（c）；袋口衬料图见图2-33（d）；袋布裁片图见图2-33（e）；双嵌线袋上下嵌线条、垫布、上下嵌线条衬料、袋口衬料裁片各1片，如图2-33（f）~（k）所示。

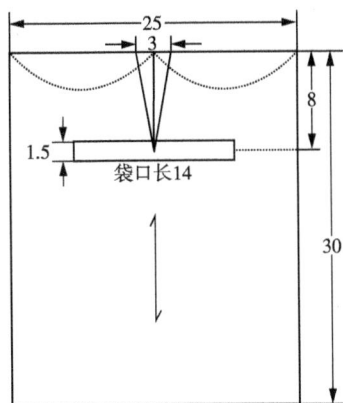

（a）双嵌线袋结构图　　　　　　（b）袋布、袋垫结构图

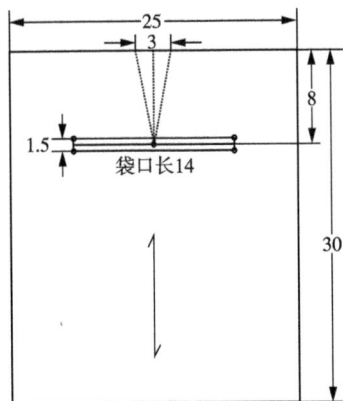

（c）双嵌线袋定位裁片图　　　（d）袋口衬料裁片图　　　（e）双嵌线袋布裁片图

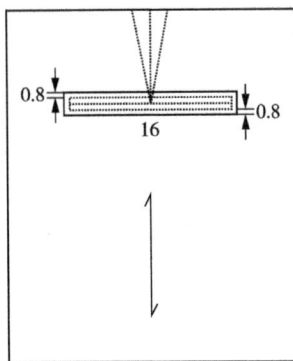

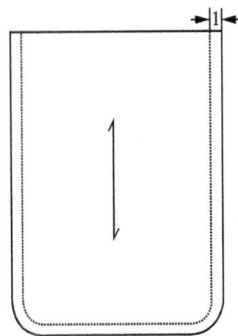

图2-33

（f）上嵌线条裁片图

（g）下嵌线条裁片图

（h）垫布裁片图

（i）上嵌线条衬料裁片图

（j）下嵌线条衬料裁片图

（k）袋口衬料裁片图

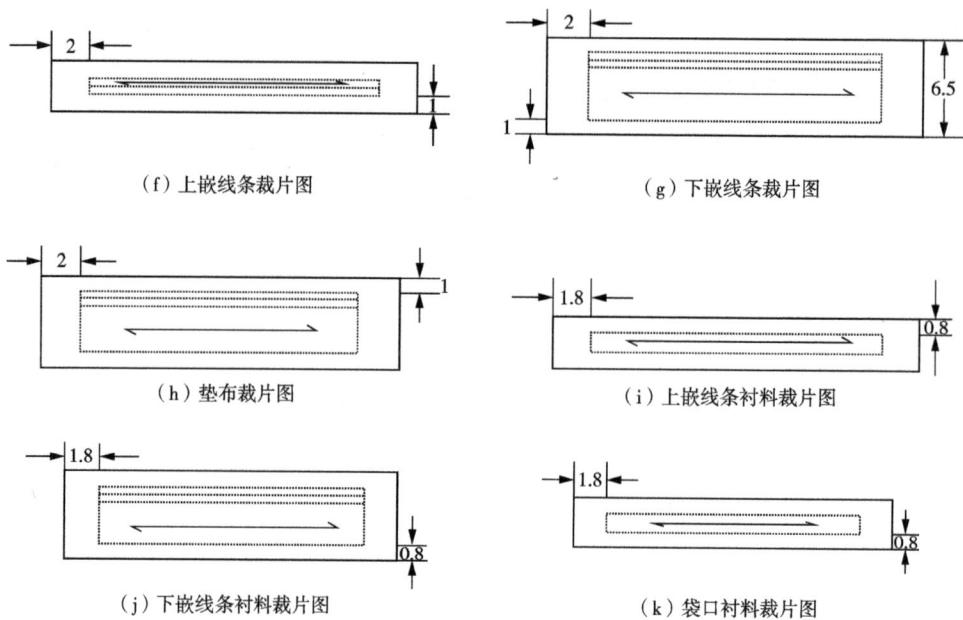

图2-33 双嵌线袋结构部件

专业应知知识拓展训练

根据单、双嵌线袋结构图的规格尺寸要求，绘制袋盖嵌线袋结构图。

项目五　衬衫领结构设计

一、项目目标

（一）知识目标

理解衬衫领结构图的质量要求，掌握衬衫领结构图的技术要点和需要的零部件。

（二）能力目标

熟练绘制衬衫领结构图，掌握其绘制技能技巧和变化款的绘制。

（三）素质目标

在工作过程（或小组学习活动）中培养学生合作意识，引导学生逐步形成善思考、勤动手的良好习惯。

二、任务引入

晓伍体谅父母上班辛苦，放假在家帮忙做些家务，不小心把爸爸的一件条纹衬衫和其他衣服泡在一起，衣领被染色了，他用了各种办法都无法祛除色渍。爸妈安慰他没事，但他始终觉得是自己没做好。于是他网购了相同的面料，利用课余时间自己琢磨换衣领。老师知道后，带他一起量尺寸、做板样，改好拿回家后，爸妈觉得当初没选错专业。

衬衫领是衬衫结构设计中的重要组成部件，衬衫领的特点是贴附于颈部，通常作为内衣领与套装搭配穿着，也可以在夏季作为外衣领穿着。衬衫领分为男衬衫领和女衬衫领。通过分析男、女衬衫领款式的特点，了解和掌握其结构图，以便把握其他衣领结构设计的变化。

三、任务实施

（一）男衬衫领结构设计

1. 认识男衬衫领

图2-34所示为男衬衫领，多运用于衬衫和T恤上。

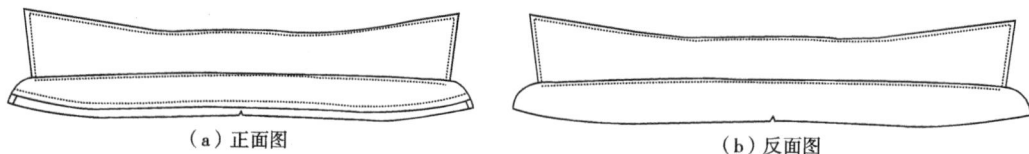

（a）正面图　　　　　　　　　　　　（b）反面图

图2-34　男衬衫领款式图

2. 成品规格

男衬衫衣领规格尺寸，见表2-15。

表2-15　规格尺寸表　　　　　　　　　单位：cm

号型	170/88A			
部位	领围	翻领宽	座领宽	门襟宽
规格	39	4	3.2	2

3. 男衬衫领的结构部件与设计

男衬衫翻领、领座结构，如图2-35所示，翻领、领座各1片，展开图见图2-36，翻领、领座裁片各2片，见图2-37，翻领衬料2片，领座衬料1片，如图2-38所示。

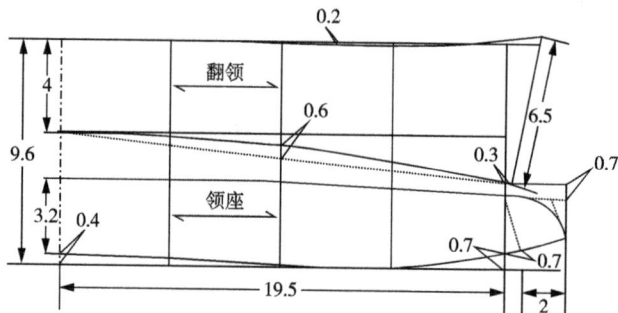

图2-35　男衬衫领结构图

（a）翻领　　　　　　　　　　　（b）领座

图2-36　翻领、领座展开图

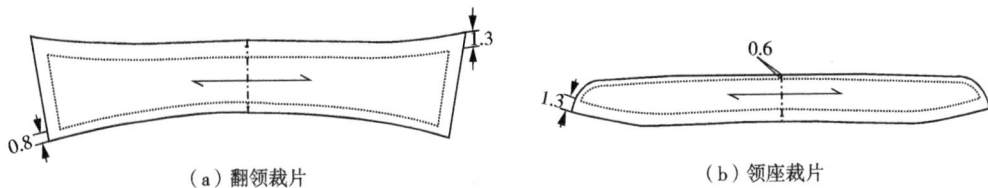

（a）翻领裁片　　　　　　　　　　（b）领座裁片

图2-37　翻领、领座裁片图

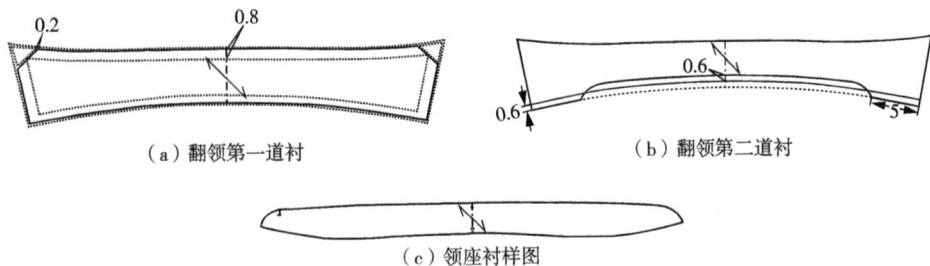

（a）翻领第一道衬　　　　　　　　（b）翻领第二道衬

（c）领座衬样图

图2-38　翻领、领座衬料图

（二）项目质量检验评价（表2-16）

表2-16　衬衫领质量检验评价

学生姓名		班级		综合得分			
科目		小组		评价	自评得分	组评得分	师评得分
检测项目	检测内容		评分标准	配分			
衬衫领结构设计	翻领、领座结构图，翻领、领座展开图，翻领、领座裁片图，翻领、领座衬料图齐全		翻领、领座结构图，翻领、领座展开图，翻领、领座裁片图，翻领、领座衬料图，缺少一个扣1分	15			
	结构图各部位标记要准确		各部位标记有误扣1分，多、漏每处扣2分	15			
	画线要顺直、清晰、准确		画线不顺直，每处扣1分，不清晰扣1分，不准确扣3分	15			

续表

衬衫领结构设计	丝缕标注准确	丝缕漏标一处扣2分，标注错误，一处扣1分	15			
时间	在规定时间内完成	每超过10分钟，扣2.5分	10			
工具	使用工具正确	未正确使用相应工具扣2.5分	10			
整洁	完成结构制图后，作品画面要整洁	完成结构制图后，作品画面不整洁扣10分	10			
安全	安全	在制图中未按要求执行，出现安全事故扣10分	10			
企业质检评定等次	优质品（　　）　　良品（　　）　　合格品（　　）　　次品（　　）					
学生签字	组长签字		老师签字		师傅签字	

四、应会技能操作拓展

女衬衫领结构设计

1. 认识女衬衫领

图2-39所示的款式为女衬衫领，多运用于衬衫、夹克衫、牛仔服等服装上。

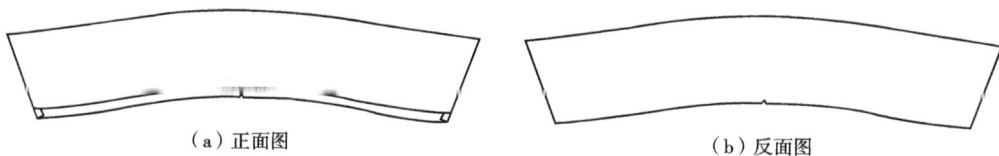

（a）正面图　　　　　　　　　　　（b）反面图

图2-39　女衬衫领款式图展开

2. 成品规格

女衬衫衣领规格尺寸，见表2-17。

表2-17　规格尺寸表　　　　　　　单位：cm

号型	160/84A		
部位	领围	领中宽	领前端斜线宽
规格	38.6	7	6.5

3. 女衬衫领的结构部件与设计

女衬衫领结构，如图2-40所示，女衬衫领1片，展开图见图2-41，领面、领底裁片各1片，见图2-42，领面衬料、领底衬料裁片各1片，见图2-43。

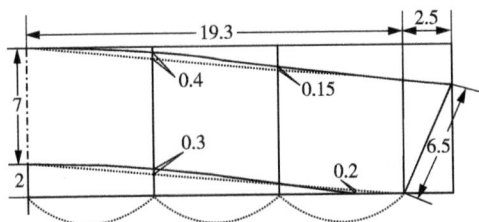

图2-40 领结构图

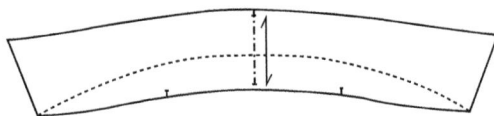

图2-41 领展开图

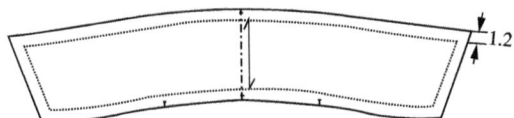

（a）领面裁片

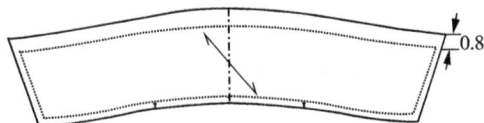

（b）领底裁片

图2-42 领面、领底裁片图

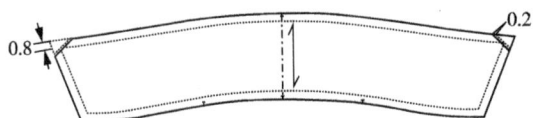

（a）领面衬料裁片

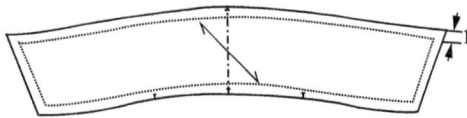

（b）领底衬料裁片

图2-43 领面、领底衬料裁片图

专业应知知识拓展训练 ··············

根据男、女衬衫领结构图的规格尺寸要求，绘制衬衫领结构图。

项目六　装腰型门里襟拉链结构设计

一、项目目标

（一）知识目标

理解装腰型门里襟装拉链的质量要求，掌握装腰型门里襟装拉链的技术要点和需要的零部件。

（二）能力目标

熟练绘制装腰型门里襟拉链，掌握其绘制技能技巧和应变变化款的绘制。

（三）素质目标

在工作过程（或小组学习活动）中培养合作意识，引导学生逐步形成善思考、勤动手的良好习惯。

二、项目引入

最近大家在学习做帆布包，每个同学都有自己的想法，其中一个男学生想设计一个特别的包，老师听了半天才搞清楚他的意思。原来他想将包的正面设计成装腰头门里襟绱拉链的形式。

装腰型门里襟绱拉链是服装结构设计中的重要组成部件，它既有实用性，又有装饰性。门里襟装拉链分为装平口拉链和隐形拉链。通过分析装腰型门里襟平口拉链的特点，了解和掌握其结构图，以便把握装隐形拉链设计的变化。

三、项目实施

（一）装腰型门里襟拉链结构设计

1. 认识装腰型门里襟拉链

图2-44所示为装腰型门里襟拉链结构设计，多在裤装、裙装上使用。

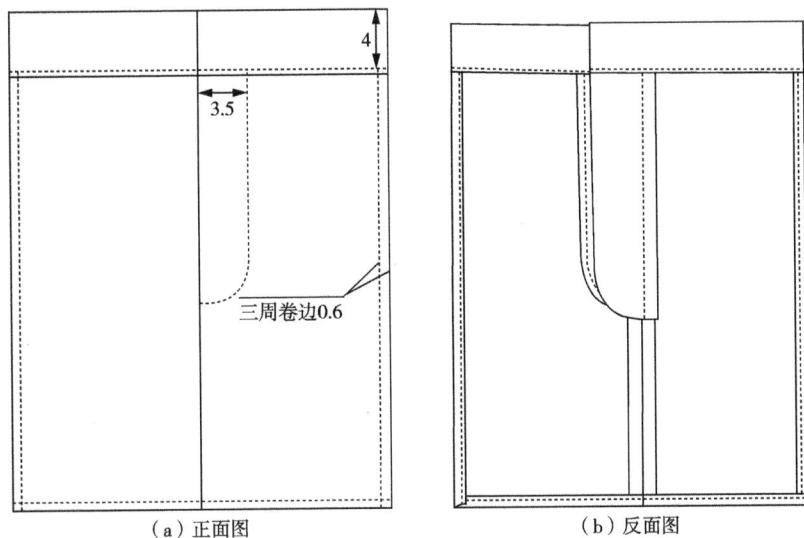

（a）正面图　　　　　　　　（b）反面图

图2-44　装腰型门襟拉链款式图

2. 成品规格

裁片、腰头、门襟、里襟规格尺寸，见表2-18。

表2-18　规格尺寸表　　　　　　　　　　　单位：cm

号型	160/64A					
部位	裁片长	裁片宽	腰头宽	拉链长	门襟	里襟
规格	35	22	4	20	长18.5，宽3.5	长19，宽3.5

3.装腰型门里襟拉链结构部件与设计

裤、裙装拉链结构图如图2-45所示；门襟裁片1片，里襟裁片2片，门襟衬裁片1片，里襟衬裁片1片（图2-46）；裤、裙装拉链裁片2片，腰片衬裁片2片，腰片裁片2片（图2-47），平口拉链1根。

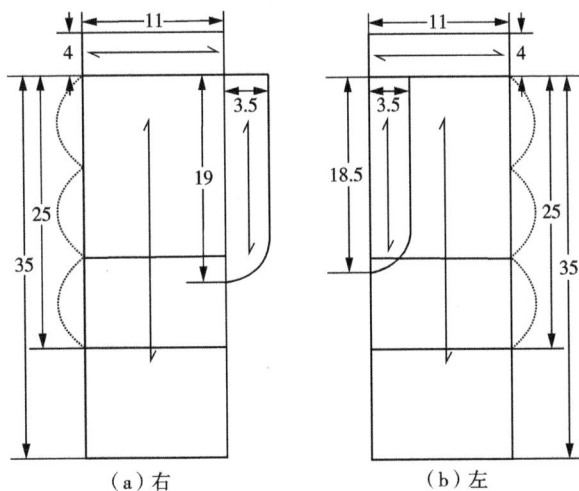

（a）右　　　　　　　　（b）左

图2-45　拉链结构图

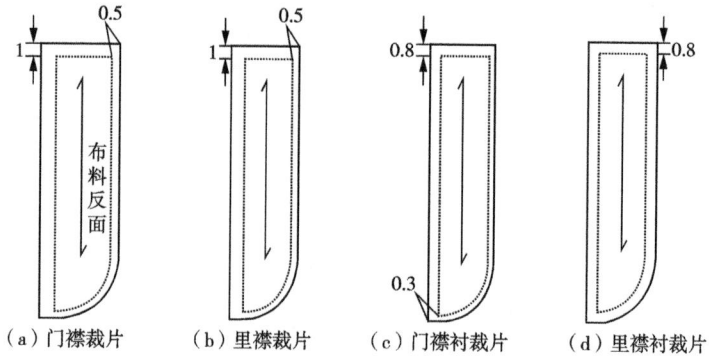

（a）门襟裁片　（b）里襟裁片　（c）门襟衬裁片　（d）里襟衬裁片

图2-46　门、里襟与门、里襟衬裁片图

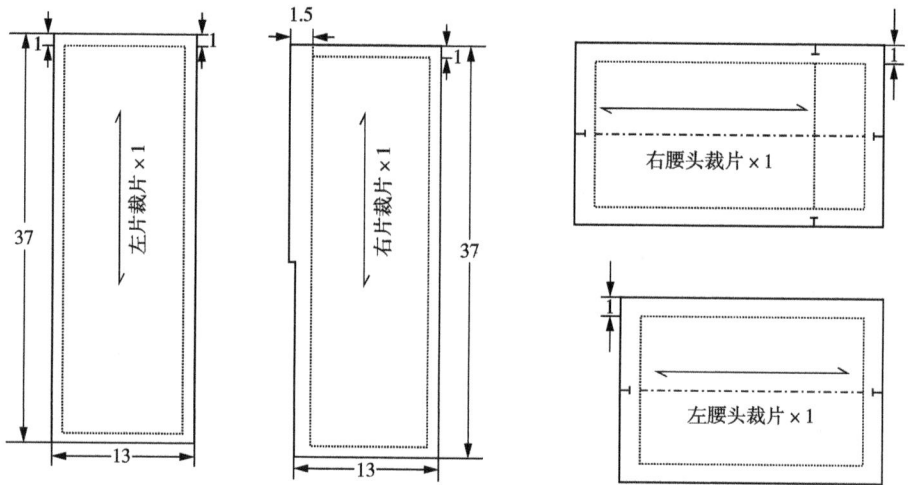

图2-47　装拉链裁片图

（二）项目质量检验评价（表2-19）

表2-19　装腰型门里襟拉链质量检验评价

学生姓名		班级		综合得分			
科目		小组		评价	自评得分	组评得分	师评得分
检测项目	检测内容		评分标准	配分			
装腰型门里襟拉链结构	裁片、腰头、门襟、里襟结构图齐全		裁片、腰头、门襟、里襟结构图，少一处扣5分	15			

装腰型门里襟拉链结构	各部位标记必须准确，不能有多、漏、错	部位标记不标准的扣3分，多、漏、错每处扣3分	15			
	画线要顺直、清晰、准确	画线不顺直，发现一处扣1分，画线不清晰扣3分，不准确扣3分	15			
	丝缕标注准确	丝缕少标注一处扣2分，标注错误一处扣3分	15			
时间	在规定时间内完成	每超过10分钟，扣2.5分	10			
工具	使用工具要正确，安全文明制图	使用工具不正确扣5分，制图中出现安全事故扣10分	10			
整洁	完成结构制图后，作品画面要整洁	完成结构制图后，作品画面不整洁扣10分	10			
安全	安全	在制图中未按要求执行，出现安全事故扣10分	10			
企业质检评定等次	优质品（　　） 良品（　　） 合格品（　　） 次品（　　）					
学生签字		组长签字		老师签字		师傅签字

四、应会技能操作拓展

腰头结构制图

1. 认识腰头

图2-48所示为腰头款式图，多用于装腰头的裙装、裤装等，腰面、腰里连裁在一起，腰长为实际腰长加腰带头长3cm，腰头宽为4cm，腰头面缉明线。

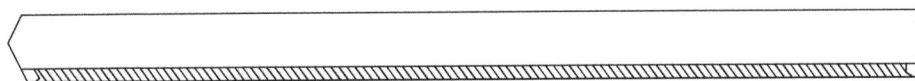

（a）正面图

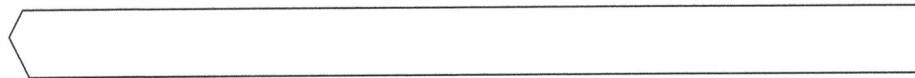

（b）反面图

图2-48　腰头款式图

2. 成品规格

腰头规格尺寸，见表2-20。

表2-20　规格尺寸表　　　　　　　　　　单位：cm

号型	160/62A			
部位	腰头长	腰头宽	腰带头长	拉链长
规格	35	4	3	20

3. 装腰头的部件

腰面、腰里连裁1片，衬料1片，如图2-49所示。

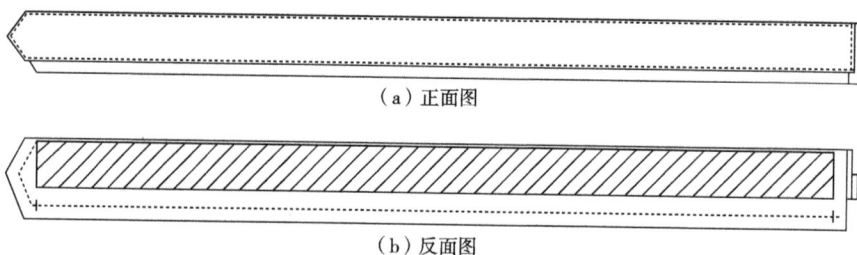

（a）正面图

（b）反面图

图2-49　腰头结构部件

4. 腰头结构制图

（1）腰头结构制图尺寸（图2-50）。

图2-50　腰头结构图

（2）腰头从左侧到右侧展示图（图2-51）。

图2-51　腰头净样图

（3）腰面、腰里连裁净样结构图（图2-52）。

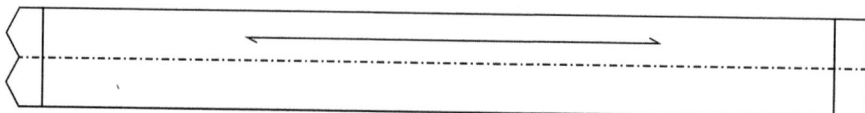

图2-52　腰里、腰面连裁净样结构图

（4）腰头面、里连裁工业样板（毛样）图（图2-53）。

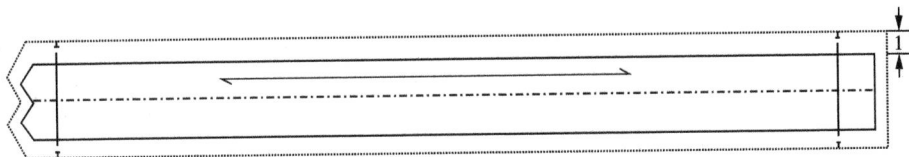

图2-53 腰头面、里连裁工业样板

（5）腰头衬料工业样板（毛样）裁剪图（图2-54）。

图2-54 腰头衬料工业样板

（6）按净样尺寸扣烫腰头（图2-55）。

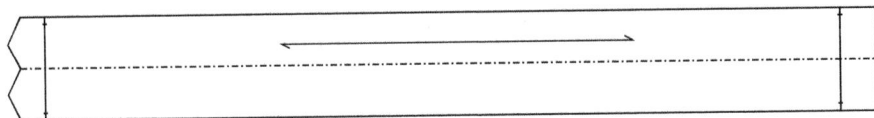

图2-55 扣烫图

专业应知知识拓展训练 ···

根据装腰型门里襟装拉链的技术指标要求，绘制装腰型门里襟装隐形拉链结构图。

03

模块三
裙装结构设计

项目一　直裙结构设计

项目二　斜裙结构设计

项目三　牛仔裙结构设计

★学习目标

学生通过校中厂的裙装成品，能按裙装款式图和质量要求熟练进行裙装结构设计。为理论联系实际、提高动手实作的能力打好基础，并能做到服装的裙装局部变化，触类旁通，为各种时装裙结构制图提供帮助。

★学习方法

学生结合情境视频、教师演示法、任务引领法等方式，以小组合作为学习单位，掌握常用工具、专用工具、计算机平面设计软件、服装CAD软件、裙装结构设计等基础知识，有条件的情况下，建议可以在企业进行教学实习、顶岗实习等方式训练。

项目一 直裙结构设计

一、项目目标

（一）知识目标

了解直裙需绘制的部件，并能检验其准确性。掌握直裙结构图绘制过程和技术指标要求。

（二）能力目标

熟练绘制直裙结构图，掌握其绘制技能技巧和变化款的绘制。

（三）素质目标

在工作过程（或小组学习活动）中培养学生合作协调的能力和爱岗敬业的工匠精神，引导学生逐步形成善思考、勤动手的良好习惯。

二、项目引入

校厂接到一批酒店女职业装直裙的订单，老师根据酒店要求，带领学生完成规格采集、设计、制板、制作等流程。

直裙是最基本的裙装类型。直裙从臀部开始，侧缝自然垂落呈直线型。直裙是依照人体形态进行设计制作，契合人体体型特点，也是其他裙款结构设计的基础。直裙有西服裙、旗袍裙、围裹裙等。

直裙符合人体臀腰的曲线形状，外观线条优美流畅，爱美的女性均喜欢穿着漂亮的直裙来显示柔美、优雅、端庄的气质。直裙是职业女性必搭的服装之一。

三、项目实施

（一）直裙结构设计

1. 认识直裙

图3-1所示为直裙款式的结构造型，该款直裙装腰头，前后裙片各设4个腰省，后中心线分割，上端装拉链，下摆开衩，侧缝自然垂落呈直线。

裙的长短根据设计要求而定，考虑到人体下肢活动的需要，开衩的位置高低有所不同，由于造型的需要，直裙下摆可以在侧缝处每片收进1~2cm。

图3-1　直裙款式图

2. 成品规格

装腰头直裙规格尺寸，见表3-1。

表3-1　规格尺寸表　　　　　　　　　　　　　　单位：cm

号型	160/62A				
部位	裙长	腰围	臀围	臀长	腰头宽
规格	62	64	96	18	3

3. 装腰头直裙零部件结构

装腰头直裙零部件包括：前裙片1片，左后片1片，右后片1片，裙腰头1片，里襟1片，如图3-2所示。

4. 装腰头直裙结构设计（图3-2）

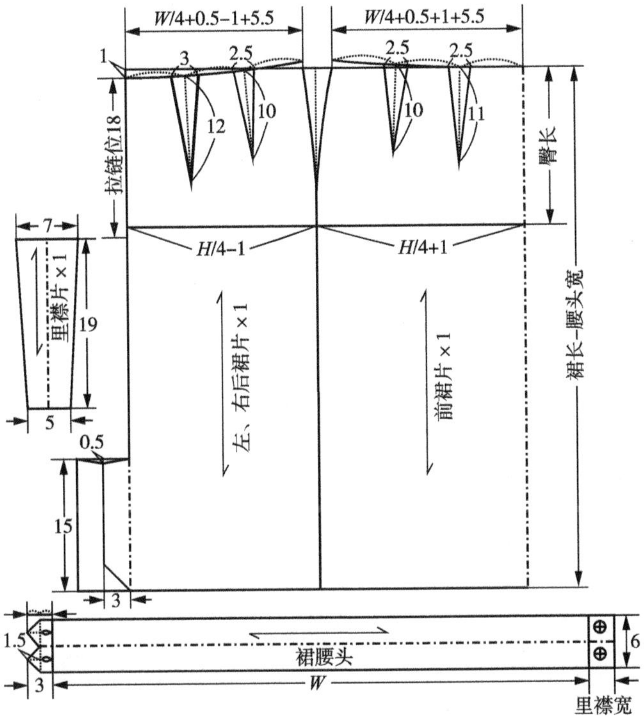

图3-2 直裙结构图

5. 裁剪样板放缝、排料

装腰头直裙裁剪样板的放缝和排料图，如图3-3所示。

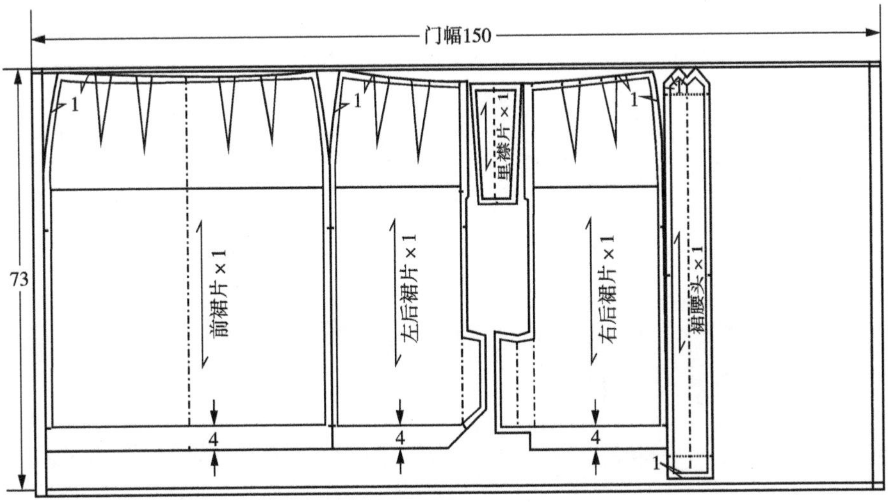

图3-3 裁剪样板放缝与排料

（二）项目质量检验评价（表3-2）

表3-2　直裙质量检验评价

学生姓名		班级		综合得分			
科目		小组		评价	自评得分	组评得分	师评得分
检测项目	检测内容		评分标准	配分			
直裙结构设计	前后裙片、裙腰头、里襟结构图裁剪图齐全		前后裙片、裙腰头、里襟结构图裁剪图缺少一处扣6分	18			
	构图各部位标记准确		各部位标记有误扣2分，多、漏、错每处各扣2分	15			
	画线要顺直、清晰、准确		画线不顺直，每处扣1分，画线不清晰扣3分，画线不准确扣3分	15			
	丝缕标注要准确		丝缕漏标一处扣2分，标注错误一处扣3分	12			
时间	在规定时间内完成		每超过10分钟，扣2.5分	10			
工具	使用工具要正确		未正确使用相应工具扣5分	10			
整洁	完成结构制图后，作品画面要整洁		完成结构制图后，作品画面不整洁扣10分	10			
安全	安全		在制图中未按要求执行，出现安全事故扣10分	10			
企业质检评定等次	优质品（　　） 良品（　　） 合格品（　　） 次品（　　）						
学生签字		组长签字		老师签字		师傅签字	

四、专业应知知识拓展

（一）裙开衩的基本要求

在臀高线下9cm处是大腿根部，裙开衩高度一般情况下低于此部位，但考虑到人体的活动需要又不能过低，因此，开衩高低一般在臀高线下23cm左右处较恰当。裙开衩高低的定位：一则应视裙的款式要求；二则应满足人体活动需要而定，如果裙左右两侧下摆设置开衩，则可相应降低开衩的高度。

（二）裙腰口省数的分布要求

裙腰口省数的分布要满足人体的结构，一般情况下，可采用前后腰口各收2~4个省的形式。当臀腰差不超过25cm时，可采用前后腰口各收2个省的形式；当臀腰差超过25cm时，可采用前后腰口各收4个省的形式，因为当臀腰差增大时，前后腰口各收2个省的形式就不能适应体型的需要。

（三）臀围采用1/4分配法的原因

因为人体体型特征和下装的实用功能，要求侧缝直（斜）袋能插手方便，故而将侧缝前移，即前裤片为1/4臀围减1cm，后裤片为1/4臀围加1cm。裙装一般不设置侧缝直（斜）袋，为了正面的美观，侧缝不应靠前而应靠后，因此在裙装的结构制图中，臀围分配宜采用1/4分配法或前裙片臀围加0.5~1cm，后裙片臀围减0.5~1cm。

（四）裙侧缝处腰缝起翘的原因

因为人体臀腰差的存在，使裙侧缝线在腰口处出现劈势，且劈势的存在，使起翘成为必然，所以侧缝的劈势使前、后裙身拼接后，在腰缝处产生凹角。劈势越大，凹角越大，反之亦然，起翘的作用就在于能将凹角填补。

五、应会技能操作拓展

西服裙结构设计

1.认识西服裙

图3-4所示的款式为西服裙，西服裙可以搭配西装或女衬衫。该款装腰西装裙在裙前片中线外设置阴裥，阴裥上部缉明线，前裙片收两个腰省，后裙片收四个腰省，右侧缝上端装隐形拉链。

图3-4 西服裙款式图

2. 成品规格

装腰头西装裙规格尺寸，见表3-3。

表3-3　规格尺寸表

单位：cm

号型	160/62A				
部位	裙长	腰围	臀围	臀长	腰头宽
规格	62	64	92	18	3

3. 西服裙的零部件结构

西装裙的零部件包括：前裙片1片，后裙片1片，裙腰头1片，如图3-5所示。

4. 西服裙结构设计（图3-5）

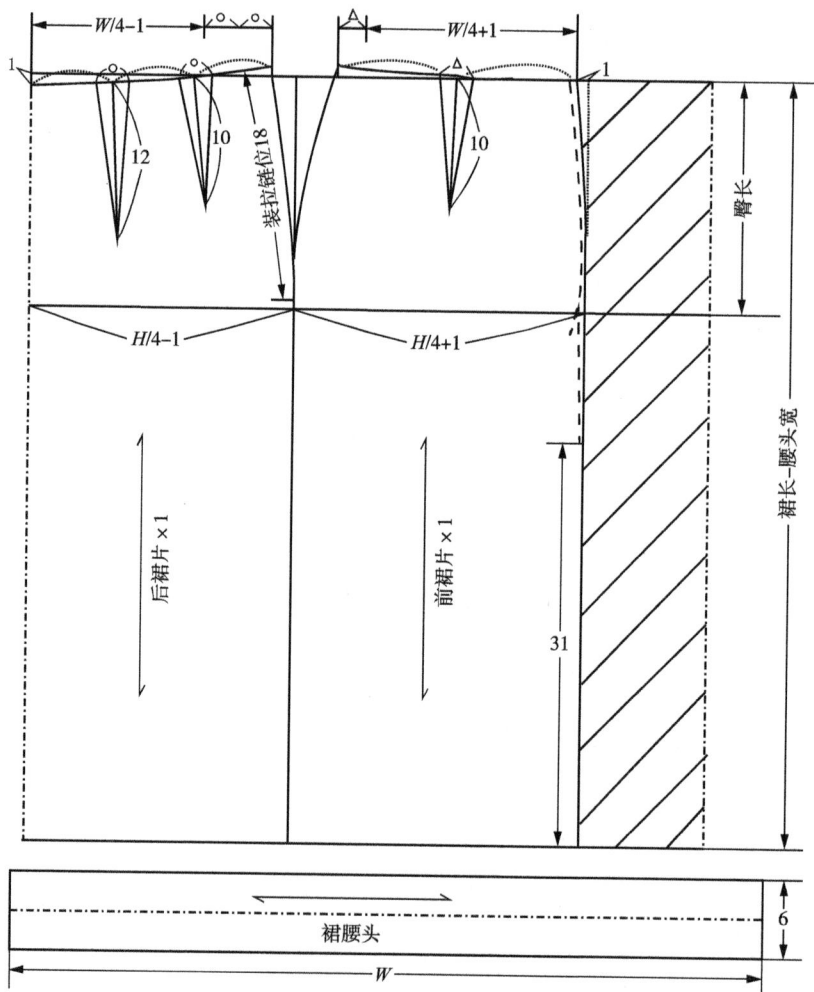

图3-5　西服裙结构图

5.裁剪样板放缝、排料

西服裙裁剪样的放缝和排料图，如图3-6所示。

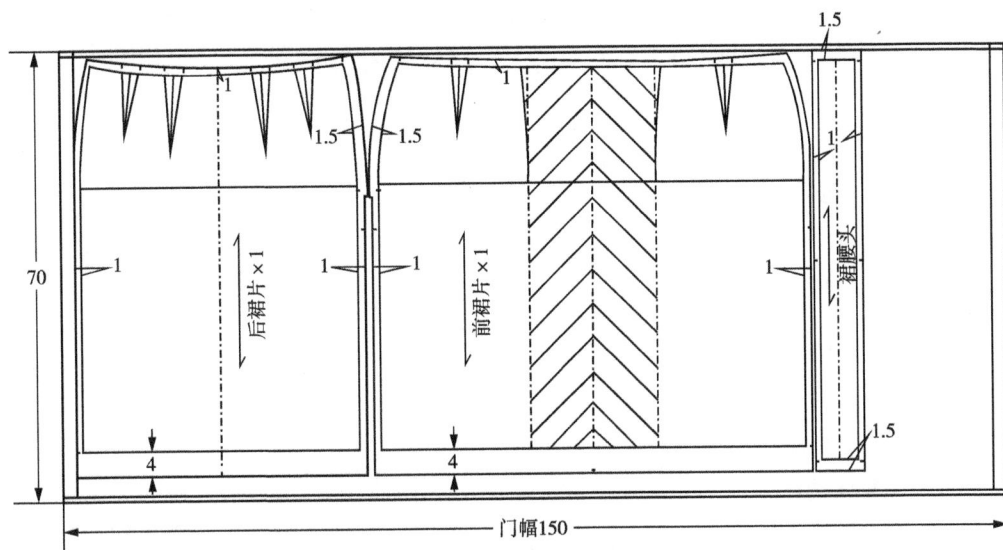

图3-6 裁剪样板放缝与排料

专业应知知识拓展训练 ···

根据直裙结构图的技术规格要求，绘制直裙变化结构图。

项目二　斜裙结构设计

一、项目目标

（一）知识目标

了解斜裙需绘制的部件，并能检验其准确性。掌握斜裙结构绘制过程和技术指标要求。

（二）能力目标

熟练绘制斜裙结构图，掌握其绘制技能技巧和变化款的绘制。

（三）素质目标

在工作过程（或小组学习活动）中培养学生爱岗敬业的工匠精神和合作协调的能力，引导学生逐步形成善思考、勤动手的良好习惯。

二、项目引入

一位女生因体型略胖从不穿裙子，但在服装专业学习后也想好好打扮一下自己，于是找到老师咨询。老师根据其体型特征推荐她穿着斜裙，并且带她一起进行斜裙的规格设计、制板、制作等一系列学习与实践。

斜裙是从腰部至下摆斜向展开呈A字型的裙子，因腰口小，裙摆宽大，呈喇叭形状，故又称喇叭裙。斜裙腰部不收省也不打裥，多为两片式，裙片完全是斜丝缕构成。

斜裙线条简洁，带有动感的波浪，能展现女性优美的体态，深受女性的青睐和追棒。多使用棉布、丝绸、薄呢料、化纤织物等面料裁制。

三、项目实施

（一）斜裙结构设计

1.认识斜裙

图3-7所示的款式为斜裙，该款斜裙装腰头，裙片前、后两片，每片展开角度为90°，右侧缝上端装拉链，腰部以下呈自然波浪。

斜裙不需要测量臀围规格，下摆斜丝缕部位穿着时会因下垂而伸长，在裁剪时斜丝缕部位应剪短1~2cm，具体由面料的质地性能而定。

图3-7 斜裙款式图

2.成品规格

装腰头斜裙规格尺寸，见表3-4。

表3-4 规格尺寸表　　　　　　　　　　　　单位：cm

号型	160/64A		
部位	裙长	腰围	腰头宽
规格	70	66	3

3.斜裙的零部件结构

斜裙零部件包括：前、后裙片各1片，裙腰头1片，如图3-8所示。

4.斜裙结构设计（图3-8）

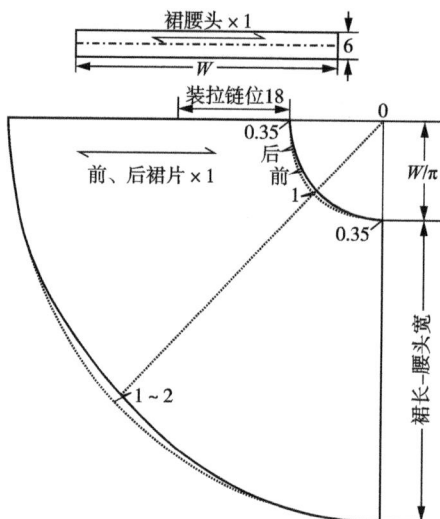

图3-8 斜裙裙片、裙腰头结构图

5.裁剪样板放缝、排料

斜裙裁剪样板放缝与排料图，如图3-9所示。

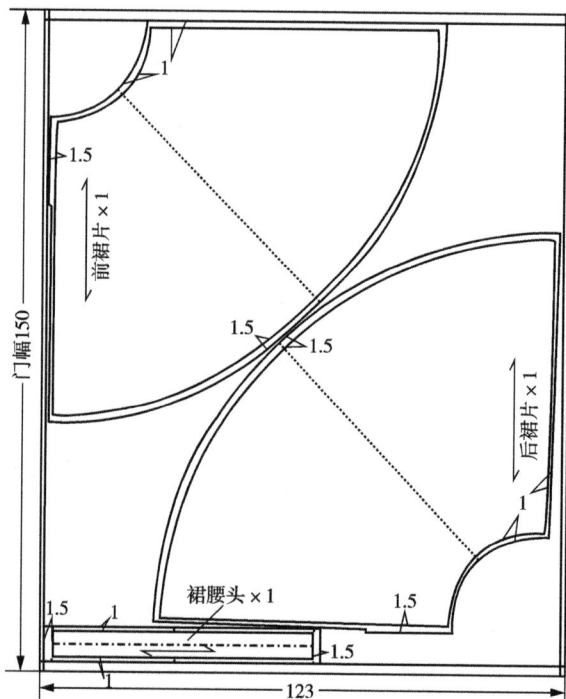

图3-9 裁剪样板放缝与排料

（二）任务质量检验评价（表3-5）

表3-5 斜裙质量检验评价

学生姓名		班级		综合得分			
科目		小组		评价	自评得分	组评得分	师评得分
检测项目	检测内容		评分标准	配分			
斜裙结构设计	裙片、裙腰头结构图、裁剪图部件齐全		裙片、裙腰头结构图、裁剪图缺少一处扣3分	18			
	结构图各部位标记要准确		各部位标记有误扣2分，多、漏、错每处各扣2分	15			
	画线要顺直、清晰、准确		画线不顺直，每处扣1分，不清晰扣3分，不准确扣3分	15			
	丝缕标注要准确		丝缕漏标一处扣2分，标注错误一处扣3分	12			
时间	在规定时间内完成		每超过10分钟，扣2.5分	10			
工具	使用工具要正确		未正确使用相应工具扣5分	10			
整洁	完成结构制图后，作品画面要整洁		完成结构制图后，作品画面不整洁，扣10分	10			
安全	安全		在制图中未按要求执行，出现安全事故扣10分	10			
企业质检评定等次	优质品（　　　）　　　良品（　　　）　　　合格品（　　　）　　　次品（　　　）						
学生签字		组长签字		老师签字		师傅签字	

四、专业应知知识拓展

（一）用角度公式计算腰口弧线的原因

腰口弧线有两种确定方法，一种是用角度公式计算，另一种是用圆弧公式计算。一般情况下，用角度公式计算较为常见，每片斜裙的夹角是45°，四片斜裙裙片的夹角为180°；每片斜裙的夹角是90°，两片斜裙裙片的夹角为180°。所以制图时可采用求半径"R"的方法计算腰口弧线，具体公式是设腰口半径为R，则R=腰围（W）/π。如斜裙腰围（W）=66cm，则R=腰围（W）/π=66/3.14=21cm，由此得出腰口半径为21cm。由于用圆弧公式计算比角度公式计算较复杂些，故不用此方法。

（二）斜裙裙摆去除定量的原因

因为斜裙斜丝部位会造成前后中缝伸长，致使裙摆不圆顺，在制图时，应将其伸长部分去除，再则面料质地不同，伸长的长度也不一样，因此要酌情去除量，一般需去除2cm左右。

（三）制图规格中的裙腰围与成品规格的裙腰围不一致的原因

由于斜裙的腰口是斜丝绺易伸展，而制作时又因造型需要（波浪均匀适度）要略伸开，因此，制图时应在侧缝处劈去一定的量，量的大小应视面料质地而定，还可采取将腰围规格减小的方法，以使制成品的腰围符合设计的规格尺寸。

五、应会技能操作拓展

塔裙结构设计

1. 认识塔裙

图3-10所示的直裙款式为塔裙，塔裙的裙腰为直腰型装腰头，裙片是分3层次的横

图3-10　塔裙款式图

向裁片，右侧缝上端装拉链。

裙体以多层次的横向裁片抽褶相连，外形如塔状的裙子即为塔裙，塔裙又称节裙。根据塔的层面分布，可分为规则塔裙和不规则塔裙。在不规则塔裙中，可以根据需要变化各个塔层的宽度，如宽—窄—宽、窄—宽—窄、窄—宽—更宽等组合形式。

2. 成品规格

塔裙规格尺寸，见表3-6。

表3-6　规格尺寸表　　　　　　　　　　　　　　单位：cm

号型	160/62A		
部位	裙长	腰围	腰头宽
规格	70	64	3

3. 塔裙的零部件结构

塔裙的裙片包括：前、后裙片各1片，每片裙片都由小、中、大三个不同规格的裁片拼接而成，裙腰头1片，见图3-11。

4. 塔裙结构设计（图3-11）

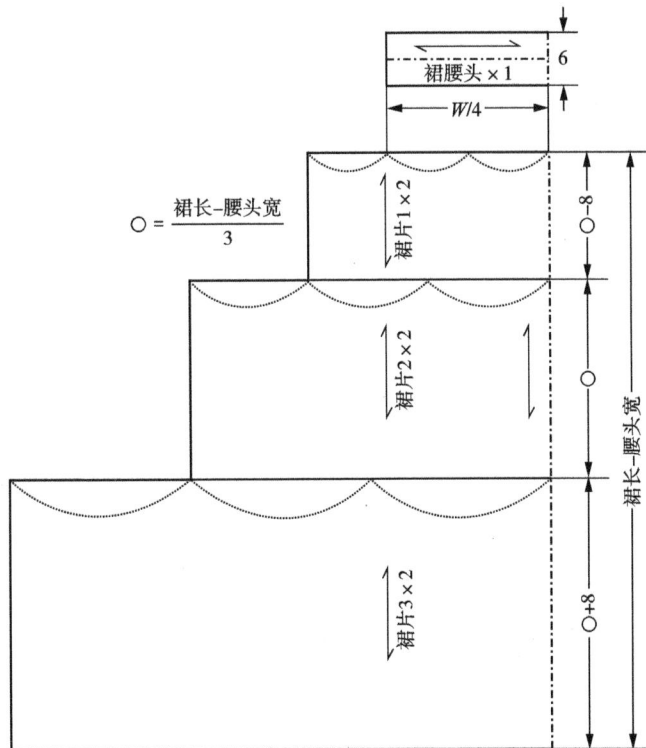

图3-11　塔裙结构图

5. 裁剪样板放缝、排料

装腰头塔裙裁剪样板放缝和排料图，如图3-12所示。

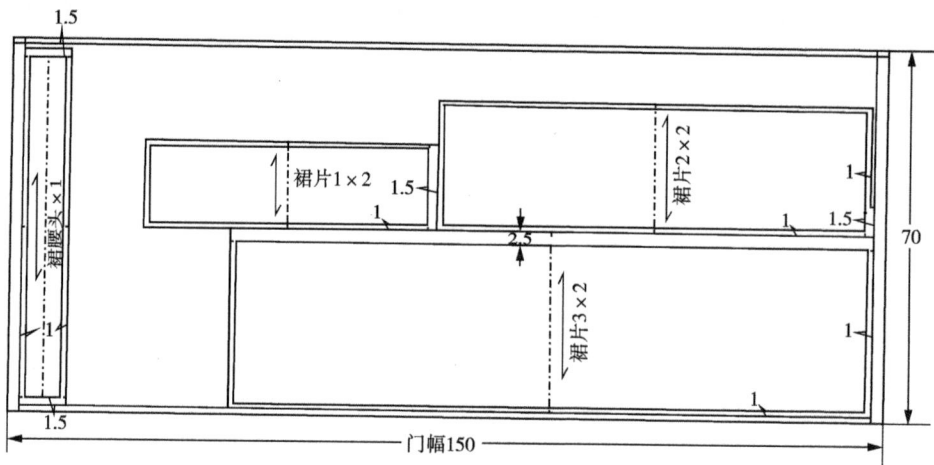

图3-12　裁剪样板放缝与排料

专业应知知识拓展训练 •

根据斜裙结构图的技术规格要求，绘制斜裙变化结构图。

项目三　牛仔裙结构设计

一、项目目标

（一）知识目标

了解牛仔裙需绘制的部件，并能检验其准确性。掌握牛仔裙结构绘制程序和技术指标要求。

（二）能力目标

熟练绘制牛仔裙结构图，掌握其绘制技能技巧和变化款的绘制。

（三）素质目标

在工作过程（或小组学习活动）中培养学生爱岗敬业的工匠精神和合作协调的能力，引导学生逐步形成善思考、勤动手的良好习惯。

二、项目引入

甘老师周末逛街给夫人买了一条牛仔裙，仔细看该裙的结构设计后，甘老师决定将这款实物作为牛仔裙结构设计的教学内容与同学们分享。

牛仔裙是诸多裙装中修饰最少、穿着最随意的裙子，不受年龄限制，是当今"简单就是美"的最佳时尚诠释。牛仔裙最大的特点就是搭配范围广，除时装上衣和正规的职业装外都可以与其搭配。

三、项目实施

（一）牛仔裙结构设计

1.认识牛仔裙

图3-13所示的款式为牛仔裙，裙长较短，裙摆不大，后裙片腰部通过育克进行分

图3-13 牛仔裙款式图

割，臀部较合体，裙身缉双止口明线。

2. 成品规格

牛仔裙规格尺寸，见表3-7。

表3-7 规格尺寸表

单位：cm

号型	160/68A				
部位	裙长	腰围	臀围	臀长	腰头宽
规格	45	70	96	18	3

3. 牛仔裙的零部件结构

牛仔裙的零部件包括：前裙片2片，后裙片2片，如图3-14所示；育克2片，袋垫布2片，袋布2片，裙腰头2片，门襟1片，里襟1片，如图3-15所示。

4. 裁剪样板放缝、排料

牛仔裙裁剪样板放缝和排料，如图3-16所示。

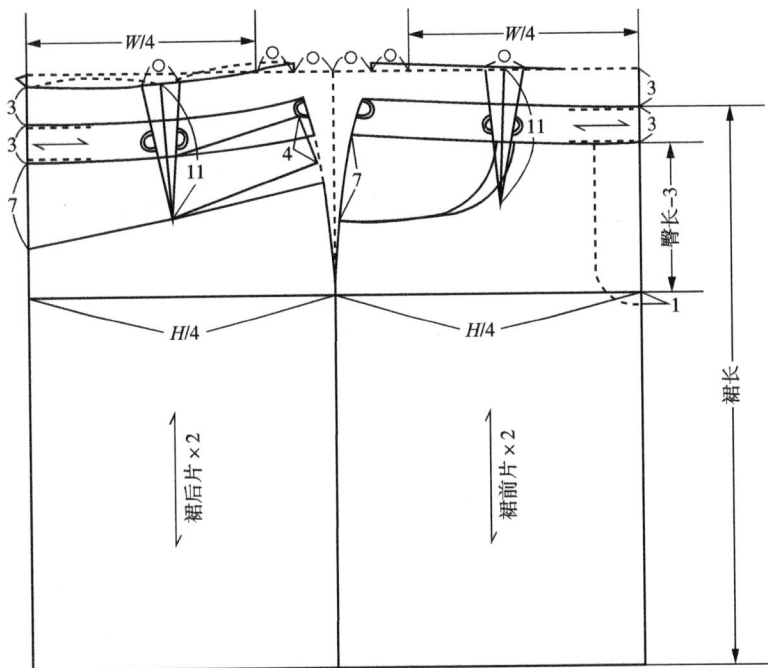

图3-14 牛仔裙结构图

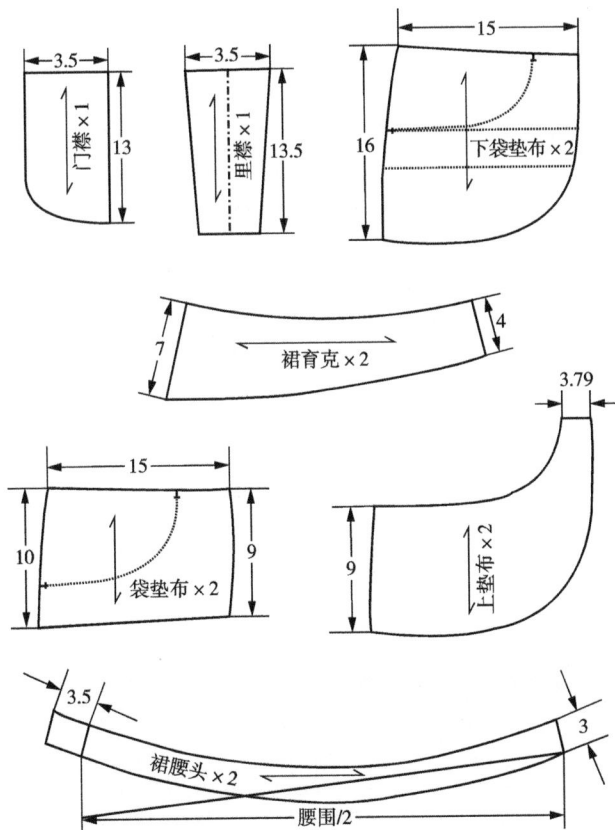

图3-15 牛仔裙零部件图

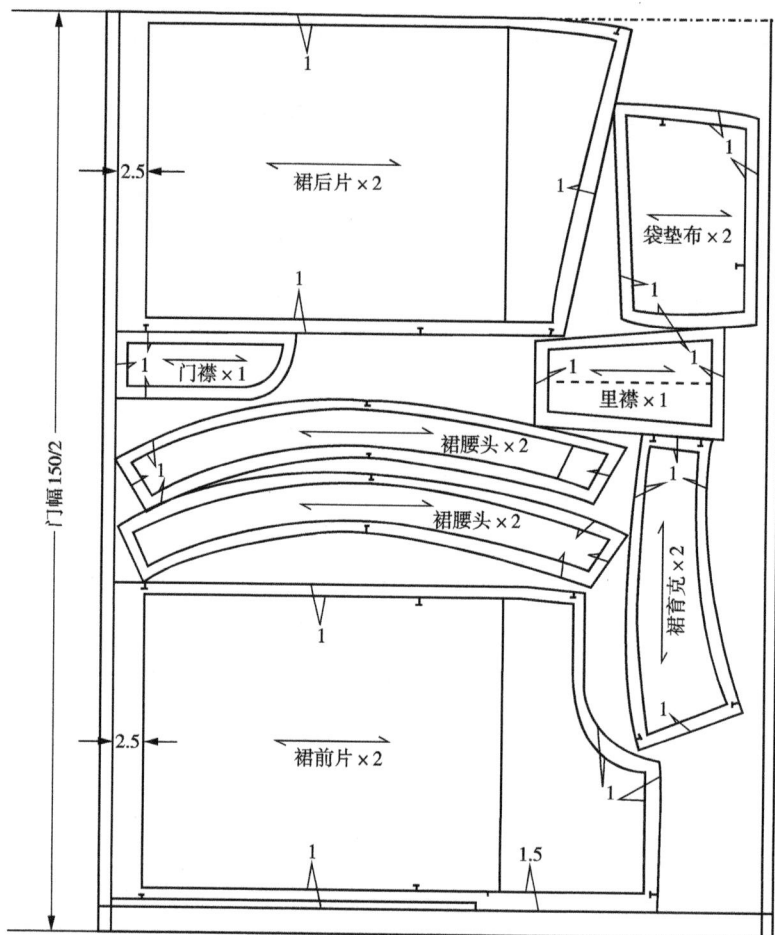

图3-16 裁剪样板放缝与排料

（二）项目质量检验评价（表3-8）

表3-8 牛仔裙质量检验评价

学生姓名		班级		综合得分			
科目		小组		评价	自评得分	组评得分	师评得分
检测项目	检测内容		评分标准	配分			
牛仔裙结构设计	裙片、门襟、里襟、育克、袋布、垫布、裙腰头结构图齐全		裙片、门襟、里襟、育克、袋布、垫布、裙腰头结构图缺少一处扣2分	15			
	画线要顺直、清晰、准确		画线不顺直，每处扣1分，画线不清晰扣3分，不准确扣3分	15			

续表

牛仔裙结构设计	丝缕标注准确	丝缕漏标一处扣2分，标注错误一处扣3分	15			
	结构图各部位标记准确	各部位标记有误扣2分，多、漏、错每处各扣2分	15			
时间	在规定时间内完成	每超过10分钟，扣2.5分	10			
工具	使用工具要正确	未正确使用相应工具扣5分	10			
整洁	完成结构制图后，作品画面要整洁	完成结构制图后，作品画面不整洁扣10分	10			
安全	安全	在制图中未按要求执行，出现安全事故扣10分	10			
企业质检评定等次	优质品（　　） 良品（　　） 合格品（　　） 次品（　　）					
学生签字	组长签字		老师签字		师傅签字	

四、专业应知知识拓展

（一）裙片腰口省转移方法

腰口省的转移方法可采用折叠法，在裙片腰口处折去省份后形成的图形即为符合款式要求的结构图。还可采用比值移位法，两种方法的结果是完全一致的。

（二）裙抽褶量的确定

节裙的抽褶量应按面料的质地和所要表现的款式效果来考虑抽褶量。一般抽褶量采用在断开处增加原尺寸的一定倍数，如1/3倍、2/3倍、1倍等。多节裙则各节相应类推。

（三）后中腰口低落的原因

后中腰口比前中腰口低落1cm左右，其原因与女性的体型有关。侧观女性人体，可见腹部前凸，而臀部略有下垂，致使后腰至臀部之间的斜坡显得平坦，并在上部略有凹进，腰际至臀底部呈S形，因此，腹部的隆起使得前裙腰向斜上方移升，后裙腰下部的平坦使得后腰下沉，致使整个裙腰处于前高后低的非水平状态。在后中腰口低落1cm，就能使裙腰部处于良好状态，至于低落的幅度应根据体型与合体程度进行调节。

五、应会技能操作拓展

百褶裙结构设计

1. 认识百褶裙

图3-17所示款式为百褶裙，裙腰为无腰头，每个褶裥距在2~5cm，右侧缝上端装拉链。

百褶裙也称"百裥裙""密裥裙"等，是指裙身由许多细密、垂直的皱褶构成裙子。百褶裙穿着人群广泛，既是俏皮女生的专属，也适合追求时尚的白领。

图3-17　百褶裙款式图

2. 成品规格

百褶裙规格尺寸，见表3-9。

表3-9　规格尺寸表　　　　　　　　　　　单位：cm

号型	160/62A			
部位	裙长	腰围	臀围	臀长
规格	45	64	96	18

3. 百褶裙的零部件结构

百褶裙的零部件包括：前、后裙上片各1片，前、后裙下片各1片，前、后裙腰贴片各1片，如图3-18所示。

4. 百褶裙结构设计（图3-18）

百褶裙裙下片展开图，如图3-19所示。

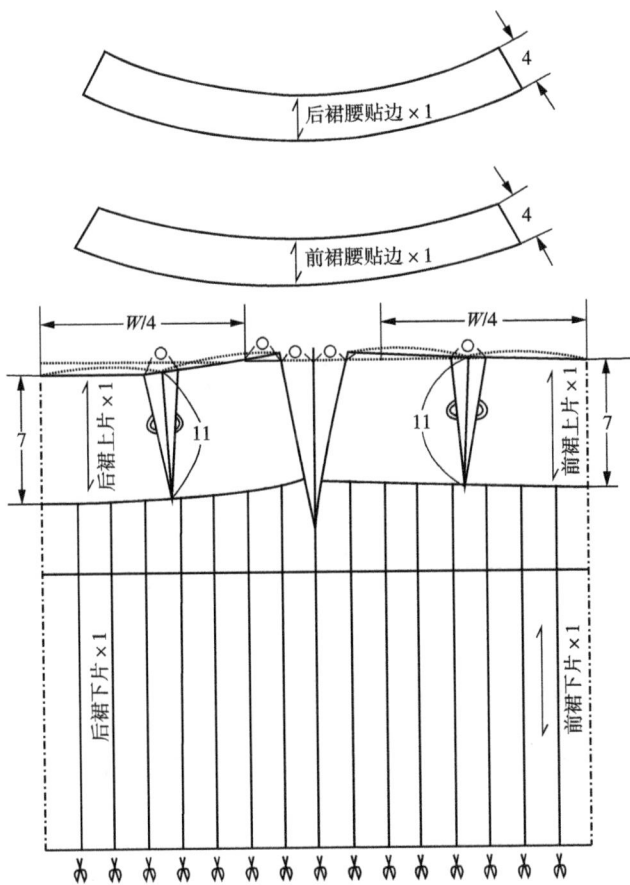

图3-18 百褶裙结构图

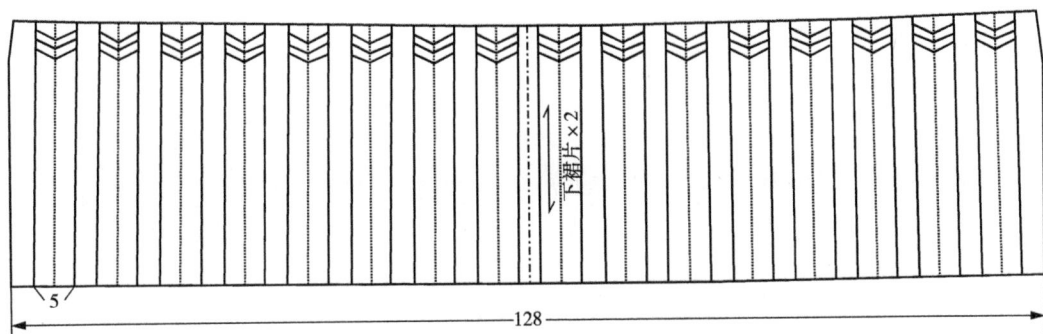

图3-19 百褶裙下片展开图

5.裁剪样板放缝、排料

百褶裙的裁剪样板放缝和排料，如图3-20所示。

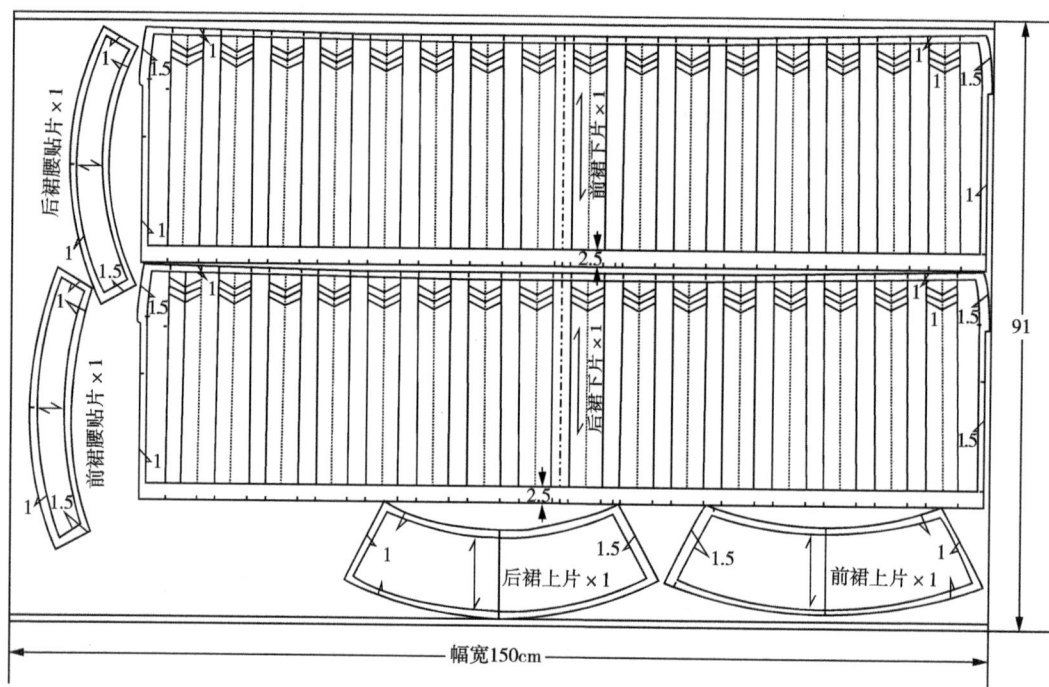

图3-20　裁剪样板放缝与排料

专业应知知识拓展训练 ······················

根据牛仔裙结构图的技术规格要求，绘制其他牛仔裙结构图。

04

模块四
裤装结构设计

项目一　女裤结构设计

项目二　男西裤结构设计

项目三　休闲裤结构设计

★学习目标

学生通过校中厂的裤装成品，能按裤装款式图和质量要求熟练绘制裤装结构设计图。为理论联系实际、提高动手实践的能力打好基础，并能做到服装的裤装局部变化，使其一通百通，为各种时装裤结构制图提供帮助。

★学习方法

学生结合情境视频、教师演示法、任务引领法等方式，以小组合作为学习单位，掌握常用工具、专用工具、计算机平面设计软件、服装CAD软件、裤装结构设计等基础知识，有条件的情况下，建议可以在企业进行教学实习、顶岗实习等方式训练。

项目一　女裤结构设计

一、项目目标

（一）知识目标

理解女裤结构图的质量要求，掌握女裤结构图的技术要点和需要的零部件。

（二）能力目标

熟练绘制女裤结构图，掌握其绘制技能技巧和变化款的绘制。

（三）素质目标

在工作过程（或小组学习活动）中培养学生爱岗敬业的工匠精神和合作协调的能力，引导学生逐步形成善思考、勤动手的良好习惯。

二、项目引入

学校为教职工定制正装，要求女裤款式简洁大方，裤型优美，穿着舒适，适合正式集会等场合，由于裤装为基础款型，具有教学意义，老师带领学生根据要求完成该款女裤的结构制图及样板制图。

裤装是服装构成中的重要组成部分。裤是人体下肢部位穿着的服装，我国分为传统的中式裤和外来的西式裤，现在社会上普遍穿的是西式裤。通过裤装结构、款式特点的了解和掌握。

三、项目实施

（一）女裤结构设计

1. 认识女裤

图4-1所示款式为女裤，装腰头，左右前裤片腰口各设2个反折裥，侧缝上端装直

图4-1　女裤款式图

袋，左右后裤片腰口各收2个省，前门襟开口处装拉链。

2. 成品规格

女裤规格尺寸，见表4-1。

表4-1　规格尺寸表　　　　　　　　　　　　单位：cm

号型	160/66A						
部位	裤长	腰围	臀围	臀长	脚口	上裆长	腰头宽
规格	100	68	98	18	22	28	3

3. 女裤的零部件结构

女裤的零部件包括：前裤片2片，后裤片2片，腰头2片，门襟1片，里襟2片，袋上垫布2片，下垫布2片，如图4-2所示。

4. 女裤结构设计

（1）女裤前、后片，腰头结构制图，如图4-2所示。

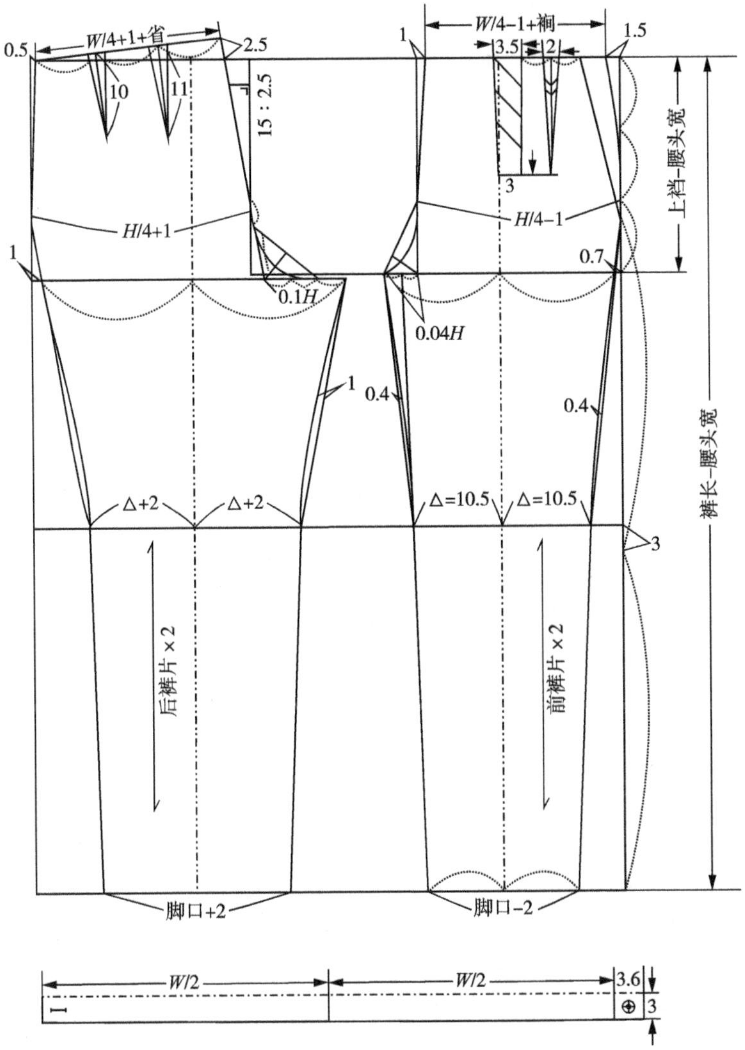

图4-2　女裤结构图

（2）女裤门襟、里襟结构制图，如图4-3所示。

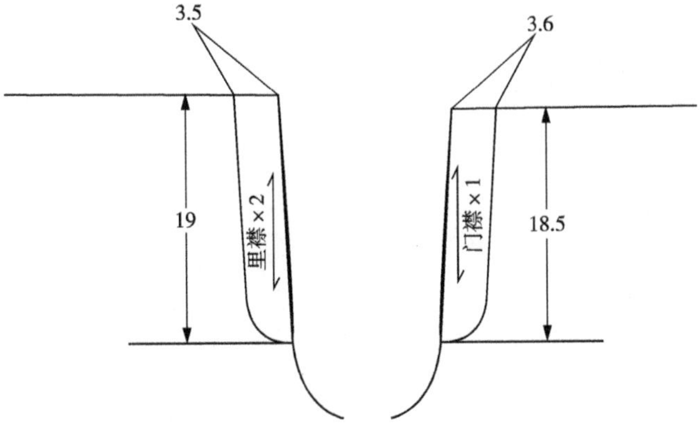

图4-3　女裤门襟、里襟结构图

（3）女裤裤襻结构制图，如图4-4所示。

（4）女裤裤袋布、袋垫布结构制图，如图4-5所示。

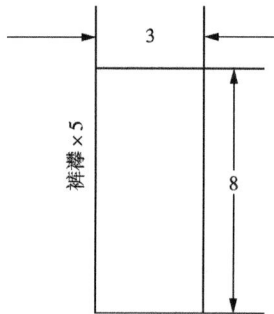

图4-4　女裤裤襻结构图

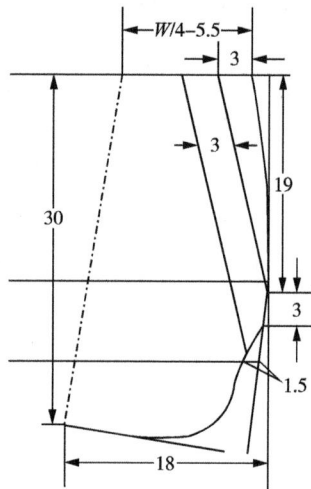

图4-5　女裤裤袋布、袋垫布结构图

5. 裁剪样板放缝、排料

女裤裁剪样板放缝和排料，如图4-6所示。

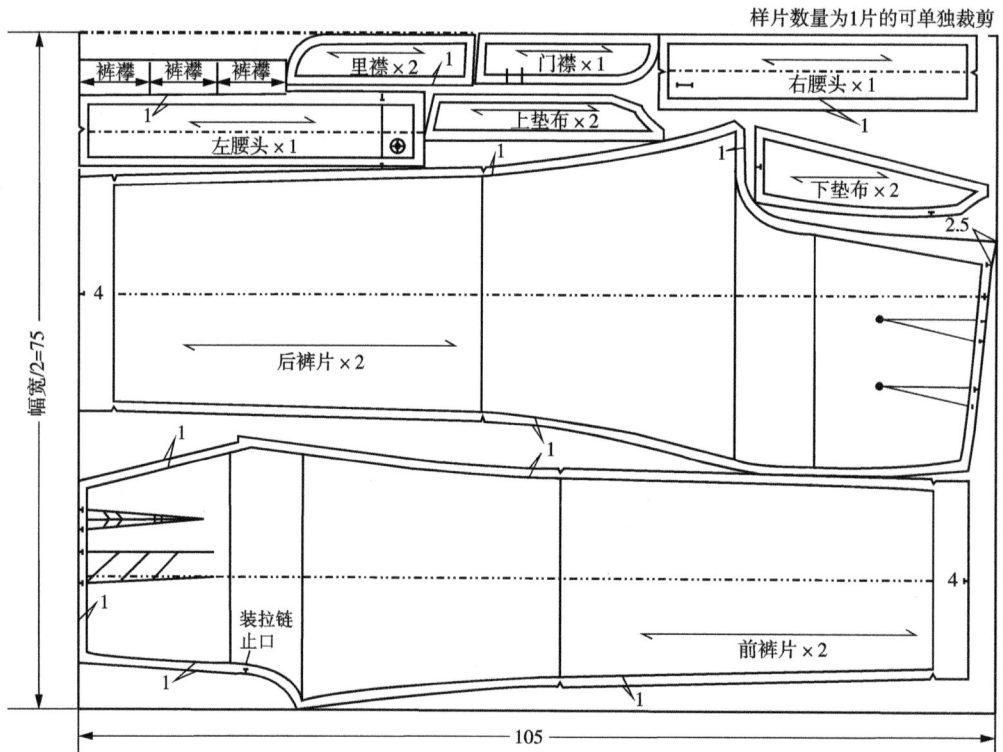

图4-6　裁片样板放缝与排料

（二）项目质量检验评价（表4-2）

表4-2　女裤质量检验评价

学生姓名		班级		综合得分			
科目		小组		评价	自评得分	组评得分	师评得分
检测项目	检测内容	评分标准		配分			
女裤结构设计	女裤前片、后片、腰头、门襟、里襟、袋布、袋垫布等结构图齐全	女裤前片、后片、腰头、门襟、里襟、袋布、袋垫布等缺少一处扣2分		18			
	画线要顺直、清晰、准确	画线不顺直，每处扣1分，不清晰扣3分，不准确扣3分		15			
	丝缕标注准确	丝缕漏标一处扣2分，标注错误一处扣3分		15			
	结构图各部位标记准确	各部位标记有误扣2分，多、漏、错每处各扣2分		12			
时间	在规定时间内完成	每超过10分钟，扣2.5分		10			
工具	使用工具要正确	未正确使用相应工具扣5分		10			
整洁	完成结构制图后，作品画面要整洁	完成结构制图后，作品画面不整洁扣10分		10			
安全	安全	在制图中未按要求执行，出现安全事故扣10分		10			
企业质检评定等次	优质品（　　） 良品（　　） 合格品（　　） 次品（　　）						
学生签字		组长签字		老师签字		师傅签字	

四、专业应知知识拓展

（一）女裤后裆缝比前裆缝低落的原因

因为裤后下裆缝的斜度大于前下裆缝斜度，所以后下裆缝长于前下裆缝，以后裆缝低落一定数值来调节前、后下裆缝的长度，低落数值以前、后下裆缝等长即可，同时要考虑采取的工艺方法、面料质地等因素。

（二）女裤臀腰差与省、裥的关系

1. 双裥双省式

前片收双裥，后片收双省，适应臀腰差偏大的体型，一般臀腰差在25cm以上。

2. 单裥单省式

适应臀腰差适中的体型，一般臀腰差在20～25cm。

3. 无裥式

适应臀腰差偏小的体型，一般臀腰差在20cm以下。

4. 其他

如双裥单省式等，根据具体的臀腰差合理地处理。此外，款式也是决定裤裥、省多少的因素。

五、应会技能操作拓展

（一）牛仔裤结构设计

1. 认识牛仔裤

图4-7所示款式为牛仔裤，裤型为直筒裤，装腰头，前裤片设置分割线，左右各一个月亮袋，后裤片设置育克，左右各一个贴袋，前门襟开口处装拉链。

图4-7　牛仔裤款式图

2.成品规格

牛仔裤规格尺寸，如表4-3所示。

表4-3 规格尺寸表

单位：cm

号型	160/66A						
部位	裤长	腰围	臀围	脚口	上裆长	腰头宽	中裆
规格	103	68	94	26	27	5	27

3.牛仔裤的零部件结构

牛仔裤的零部件包括：前中裤片2片，前侧裤片2片，后裤片2片，育克2片，腰头4片，贴袋2片，袋垫布2片，门襟1片，里襟2片，如图4-8所示。

4.牛仔裤结构设计

（1）牛仔裤前片、后片结构制图，如图4-8所示。

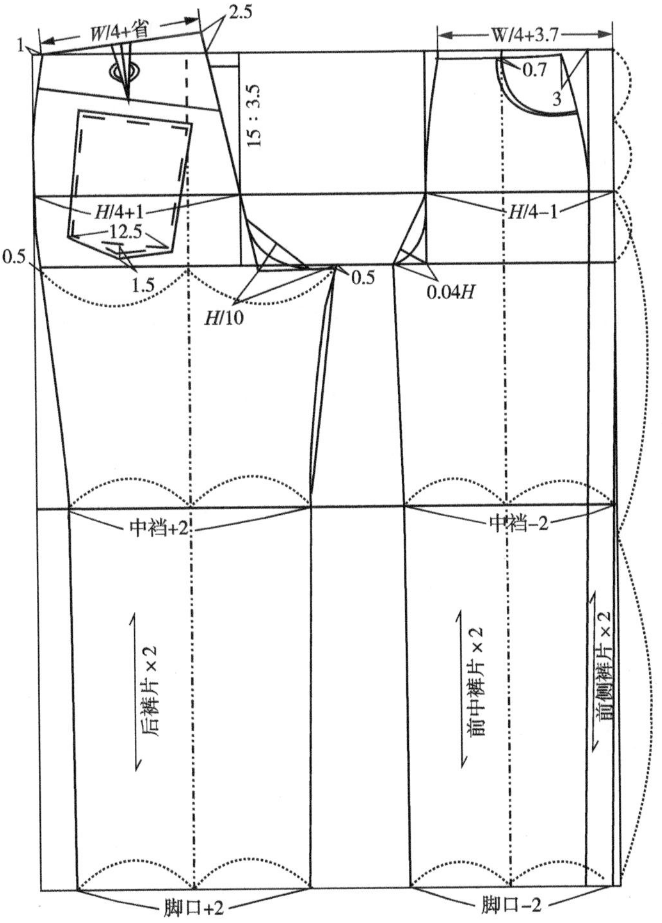

图4-8 牛仔裤结构图

（2）牛仔裤门襟、里襟结构制图，如图4-9所示。

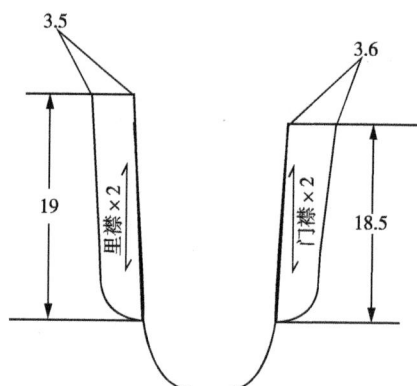

图4-9　牛仔裤门襟、里襟结构图

（3）牛仔裤育克结构制图，如图4-10所示。

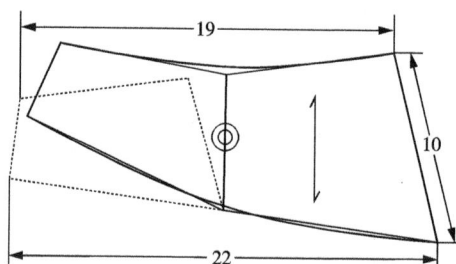

图4-10　牛仔裤育克结构图

（4）牛仔裤月亮袋袋布和袋垫布结构制图，如图4-11所示。

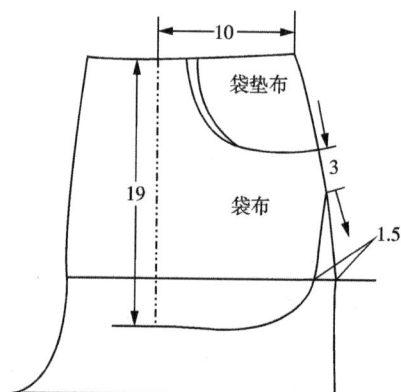

图4-11　牛仔裤月亮袋结构图

5. 裁剪样板放缝、排料

牛仔裤裁剪样板放缝和排料，如图4-12所示。

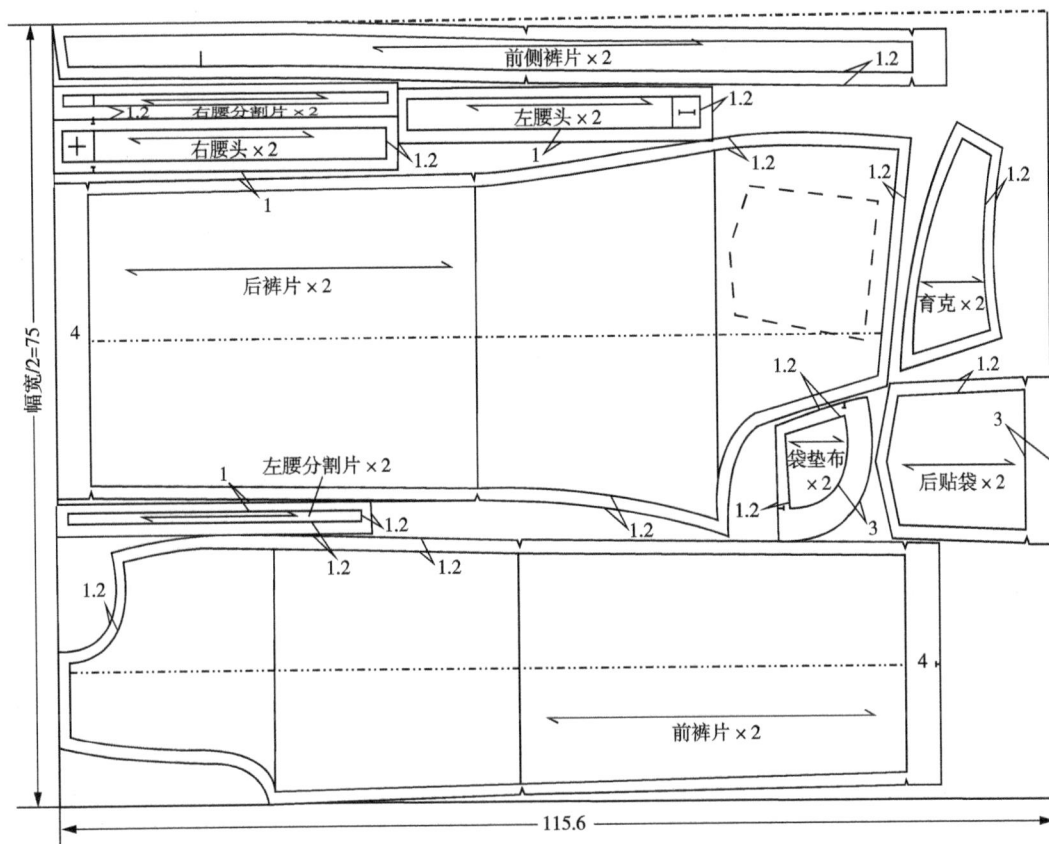

图4-12　裁剪样板放缝与排料

专业应知知识拓展训练 ••••••••••••••••••••••••••

根据女裤结构图的技术规格要求，绘制女短裤结构图。

项目二　男西裤结构设计

一、项目目标

（一）知识目标

了解男西裤需绘制的部件，并能检验其准确性。掌握男西裤结构图及样板图绘制程序和技术指标要求。

（二）能力目标

熟练绘制男西裤结构图，掌握其绘制技能技巧和变化款的绘制。

（三）素质目标

在工作过程（或小组学习活动）中培养学生精益求精的工匠精神和合作协调的能力，引导学生逐步形成绘图时有条理、认真细致的良好习惯。

二、项目引入

学校新来了一名男老师，若专程为他一人制作正装，成本较高，服装专业的老师听说后，带着学生按本校老师统一的男西服套装款式，首先为谢老师定制出合体的男西裤，谢老师很感谢服装专业师生解决了他的燃眉之急。

男西裤是穿着最为常见的裤装类型之一，多用于正式场合。一般的西裤裤腿接近直筒，裤子宽松适度，走路、上楼既方便活动，又不显得过于松垮。高档男西裤多用全羊毛面料或羊毛、涤纶混纺面料裁制。本项目介绍的男西裤，款式简洁大方，可与衬衫搭配穿着。

三、项目实施

（一）男西裤结构设计

1. 认识男西裤

图4-13所示款式为男西裤，裤腰为直腰头，左右前裤片腰口各有1个折裥，两侧各设一个斜插袋，前门襟开口装拉链，左右后裤片腰口各2个收省，后裤片每侧各有一个双嵌线口袋，平脚口。

图4-13 男西裤款式图

2. 成品规格

男西裤规格尺寸表，见表4-4。

表4-4 规格尺寸表 单位：cm

号型	170/74A					
部位	裤长	腰围	臀围	上裆长	脚口	腰头宽
规格	103	76	100	29	22	4

3. 男西裤的零部件结构

男西裤的零部件包括：前、后裤片各2片，裤腰头左右各1片，门襟1片，里襟面1片，里襟里1片，斜插袋袋垫布上下各2片，双嵌线袋嵌条2片，袋垫布2片，裤襻5根，如图4-14所示。

4. 男西裤结构设计

（1）男西裤裤片、腰片结构制图，如图4-14所示。

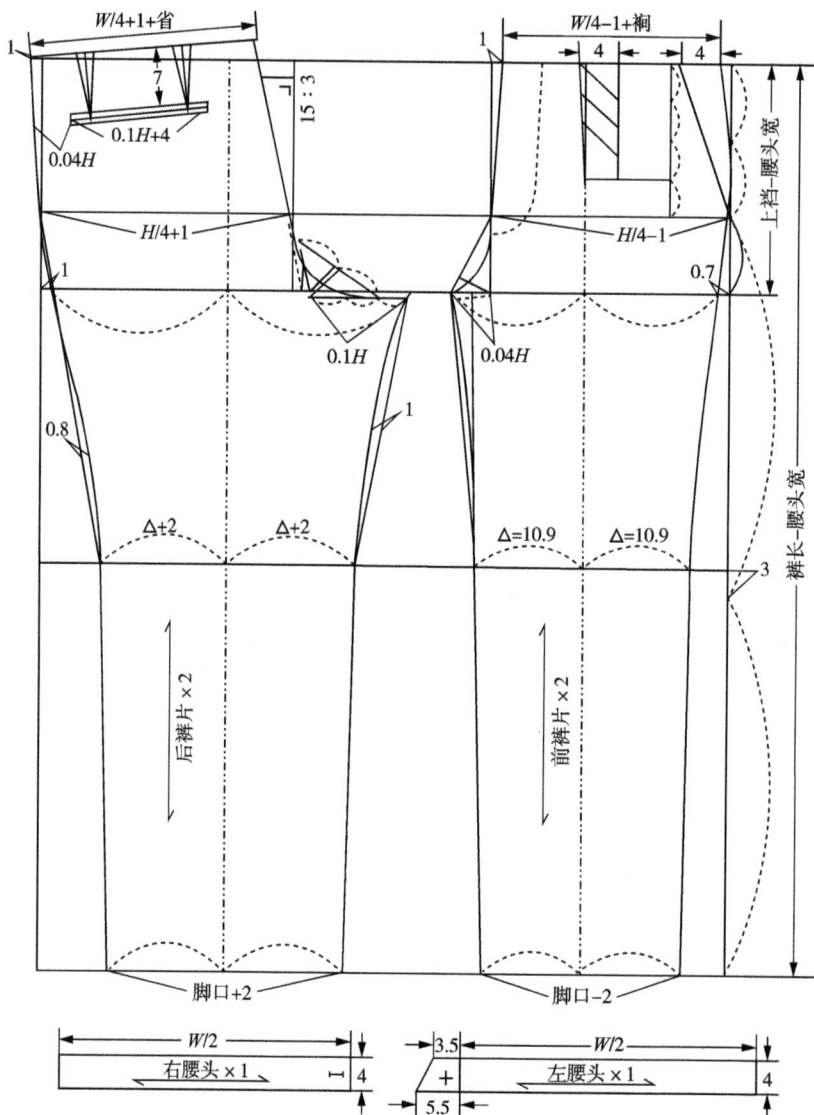

图4-14 男西裤结构图

（2）男西裤门襟、里襟结构制图，如图4-15所示。

（3）男西裤裤襻结构制图，如图4-16所示。

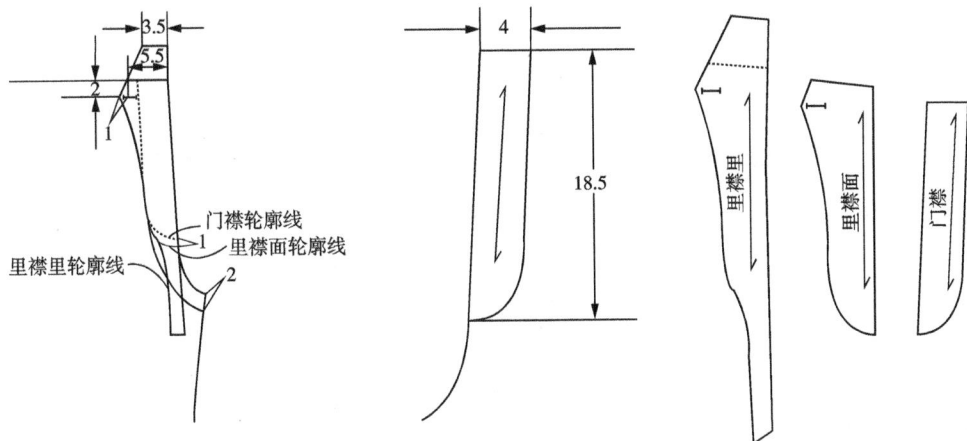

图4-15 男西裤门襟、里襟结构图

（4）男西裤斜插袋袋布、袋垫布结构制图，如图4-17所示。

（5）男西裤双嵌线袋嵌条、袋垫布、袋布结构制图，如图4-18所示。

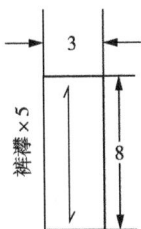

图4-16 男西裤裤襻结构图

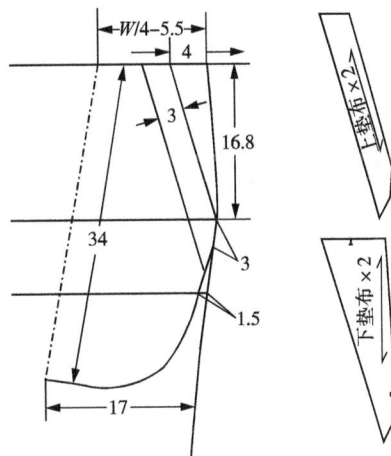

图4-17 男西裤斜插袋结构图

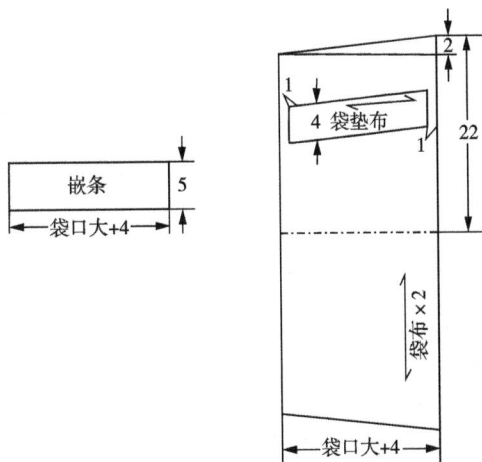

图4-18 男西裤双嵌线袋结构图

5. 裁剪样板放缝、排料

男西裤裁剪样板放缝和排料，如图4-19所示。

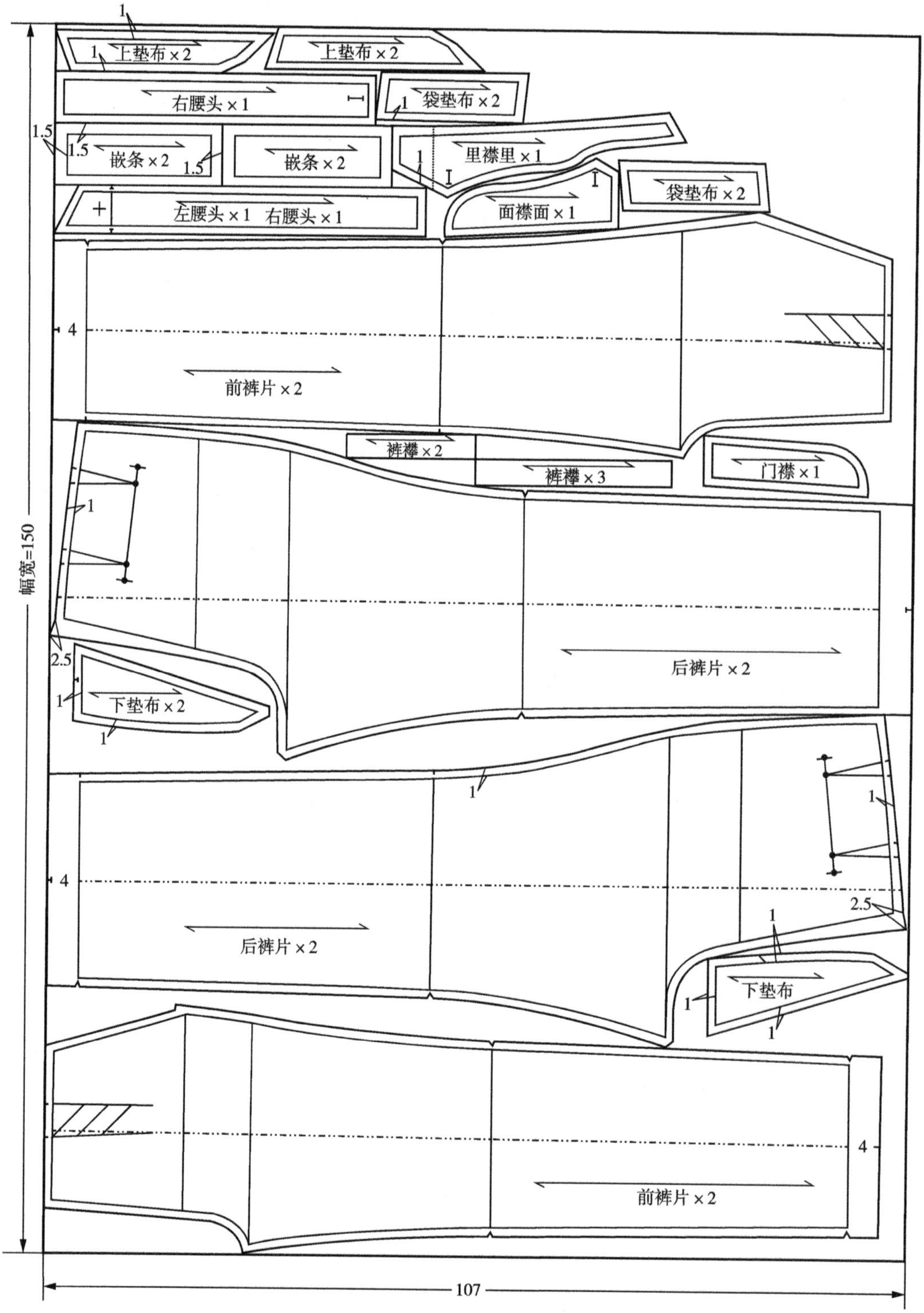

图4-19 裁剪样板放缝与排料

（二）项目质量检验评价（表4-5）

表4-5　男西裤质量检验评价

学生姓名		班级		综合得分			
科目		小组		评价	自评得分	组评得分	师评得分
检测项目	检测内容		评分标准	配分			
男西裤结构设计	前、后裤片、裤腰头结构图、裁剪零部件图齐全		前、后裤片、裤腰头结构图、裁剪零部件图缺少一处扣3分	18			
	结构图各部位标记要准确		各部位标记有误扣2分，多、漏、错每处各扣2分	15			
	画线要顺直、清晰、准确		画线不顺直，每处扣1分，不清晰扣3分，不准确扣3分	15			
	丝缕标注准确		丝缕漏标一处扣2分，标注错误一处扣3分	12			
时间	在规定时间内完成		每超过10分钟，扣2.5分	10			
工具	使用工具要正确		未正确使用相应工具扣5分	10			
整洁	完成结构制图后，作品画面整洁		完成结构制图后，作品画面不整洁扣10分	10			
安全	安全		在制图中未按要求执行，出现安全事故扣10分	10			
企业质检评定等次	优质品（　　）　　良品（　　）　　合格品（　　）　　次品（　　）						
学生签字		组长签字		老师签字		师傅签字	

模块四

四、专业应知知识拓展

（一）男、女体型差别

男、女体型腰部以下的差别，男性臀腰差小于女性，因而男性腰至臀两侧弧度小于女性，男性的腰围、臀围、腿围一般大于女性，男性臀部与腹部较女性平坦。

（二）体型差别反映在裤结构制图上的区别

　　裤的折裥、省的收量男裤小于女裤；前、后侧缝的弧度男裤小于女裤；男裤的控制部位（裤长、腰围、臀围、上裆长）规格大于女裤；男裤前裆缝与前侧缝的劈势量小于女裤。

（三）款式上的区别

　　（1）裥省：一般男裤前片设裥，而女裤前片也可设省。
　　（2）后袋：男裤设后袋，女裤一般不设后袋。
　　（3）开门：男裤为前开门，女裤有侧开门和前开门两种。
　　（4）裤腰头：一般男裤裤腰头略宽于女裤裤腰头（高腰与宽腰除外）。

五、应会技能操作拓展

男时尚短裤结构设计

1. 认识男时尚短裤

　　图4-20所示的款式为男时尚短裤，裤腰为直腰装腰头，前裤片不设省或裥，左、右各设一个斜插袋，左、右后裤片各设一个省，每侧各有一个单嵌线袋。

　　时尚短裤是近年来非常流行的适体型短裤，适合多种场合穿着，深受20～40岁男性的喜爱。

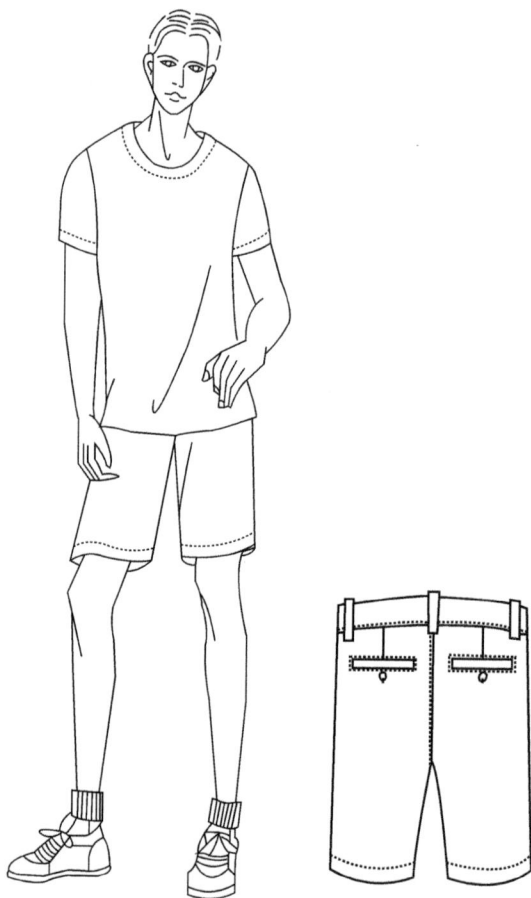

图4-20　男时尚短裤款式图

2. 成品规格

男时尚短裤规格尺寸，见表4-6。

表4-6 规格尺寸表　　　　　　　　　　　　　　单位：cm

号型	170/74A					
部位	裤长	腰围	臀围	上裆长	脚口	腰头宽
规格	52.5	81	100	26.5	26	3.5

3. 男时尚短裤的零部件结构

男时尚短裤的零部件包括：前、后裤片各2片，裤腰头2片，门襟1片，里襟2片，斜插袋袋垫布上下各2片，嵌条2片，嵌条垫布2片，裤襻5根，如图4-21所示。

4. 男西裤结构设计

（1）男时尚短裤裤片、腰头结构制图，如图4-21所示。

（2）男时尚短裤门襟、里襟结构制图，如图4-22所示。

（3）男时尚短裤斜插袋袋布、袋垫布结构制图，如图4-23所示。

（4）男时尚短裤单嵌线条、口袋袋垫布、袋布结构制图，如图4-24所示。

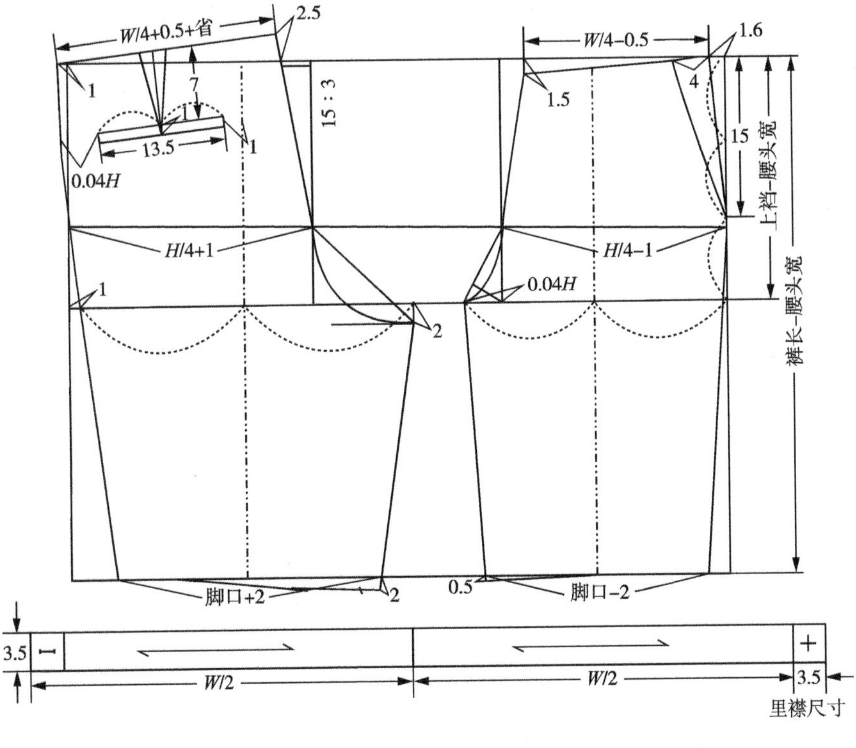

图4-21 男时尚短裤结构图

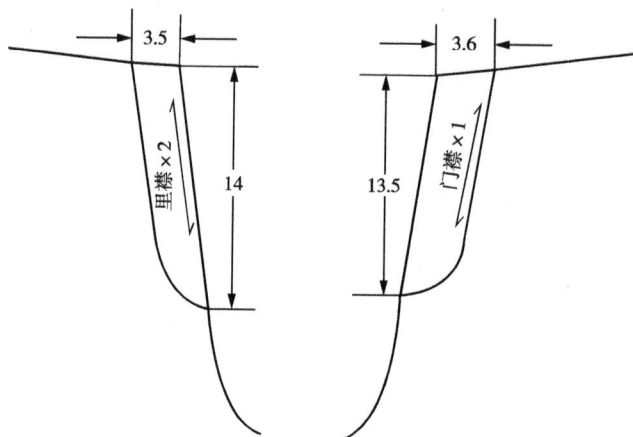

图4-22 男时尚短裤门襟、里襟结构图

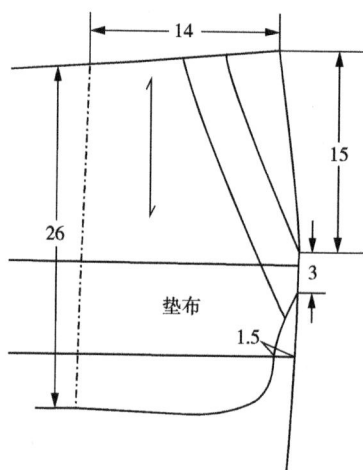

图4-23 男时尚短裤斜插袋结构图

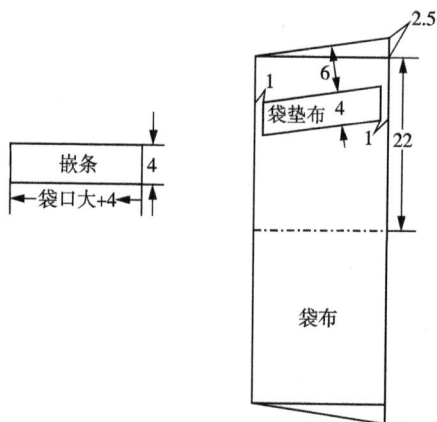

图4-24 男时尚短裤单嵌线条口袋结构图

5. 裁剪样板放缝、排料

男时尚短裤裁剪样板放缝和排料，如图4-25所示。

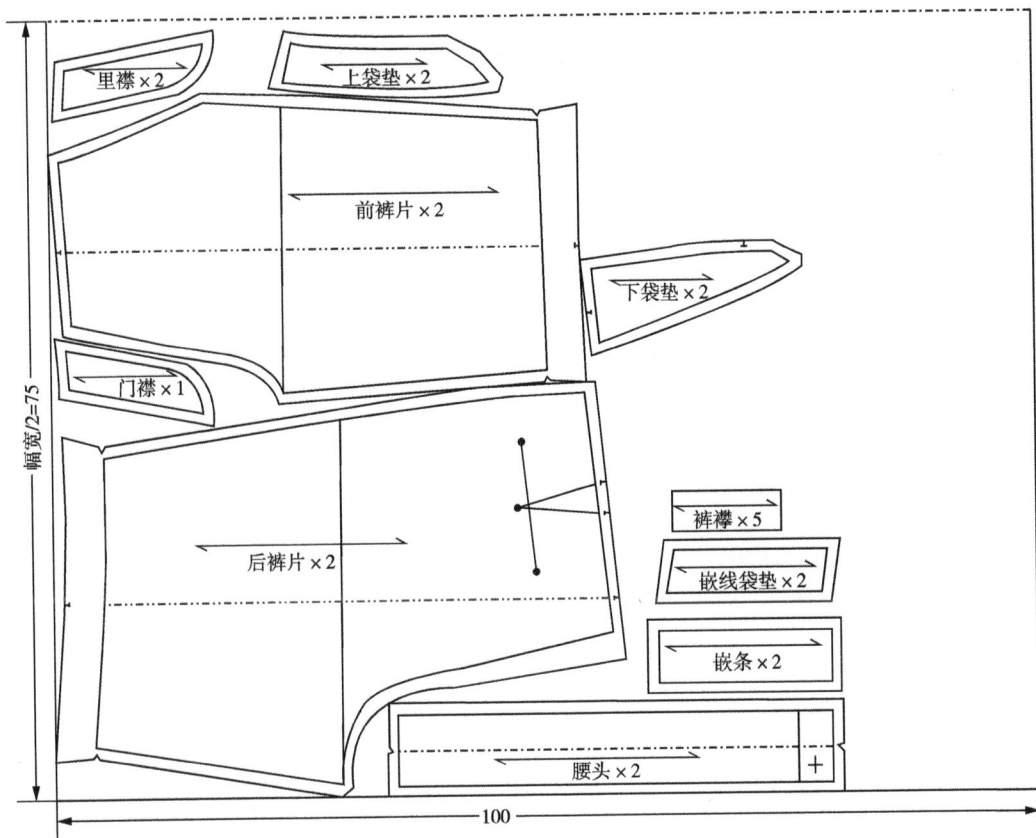

图4-25 裁剪样板放缝与排料

专业应知知识拓展训练 •

根据男裤结构图的技术规格要求，绘制男时尚短裤结构图。

项目三　休闲裤结构设计

一、项目目标

（一）知识目标

了解休闲裤的基本款式，理解休闲裤结构图的质量要求，掌握休闲裤结构图的技术要点和需要的零部件。

（二）能力目标

熟练绘制休闲裤结构图，掌握其绘制技能技巧和变化款宽松裤结构图的绘制。

（三）素质目标

在工作过程（或小组学习活动）中培养学生思维迁移的能力，引导学生逐步形成善思考、勤动手的良好习惯。

二、项目引入

小萱非常喜欢穿休闲裤，但由于是学生，没有太多的时间和财力来选择一条优质的休闲裤，一天，她在网上看到一条休闲裤图片十分喜欢，于是委托服装专业的同学给她定制一条。

休闲裤是一种常见、实用的裤型，女士的休闲裤种类繁多且材质运用十分丰富，可采用棉布、牛仔、亚麻等。

三、项目实施

（一）休闲裤结构设计

1. 认识休闲裤

图4-26所示款式为女士休闲裤，裤腰为低腰，弧形腰头，左右前裤片各设2个贴袋，

后裤片设置育克，2个贴袋有袋盖，左右侧缝上各有1个立体袋，前门襟开口处装拉链。

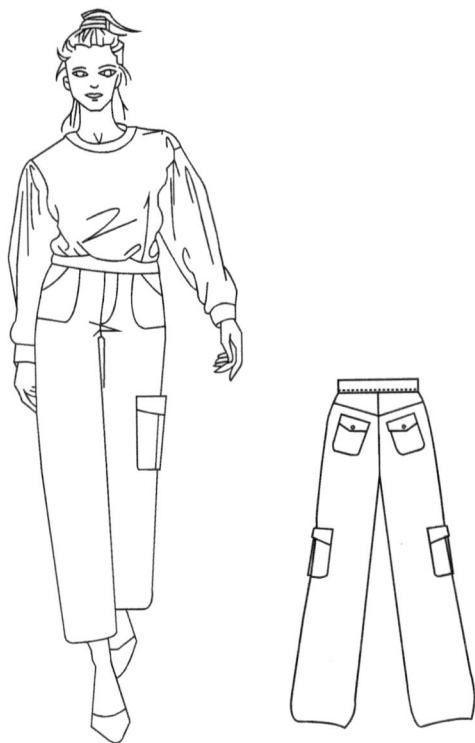

图4-26 休闲裤款式图

2. 成品规格

女休闲裤规格尺寸，见表4-7。

表4-7 规格尺寸表 单位：cm

号型	160/66A					
部位	裤长	腰围	臀围	脚口	上裆长	腰头宽
规格	95	72	96	18	23	3.5

3. 女休闲裤的零部件结构

女休闲裤的零部件包括：前裤片2片，后裤片2片，左右腰头各2片，后育克2片，门襟1片，里襟2片，前贴袋袋布2片，后贴袋袋布2片，袋盖4片，侧缝立体袋袋布2片，袋盖4片，如图4-27所示。

4. 女休闲裤结构设计

（1）女休闲裤前片、后片等结构制图，如图4-27所示。

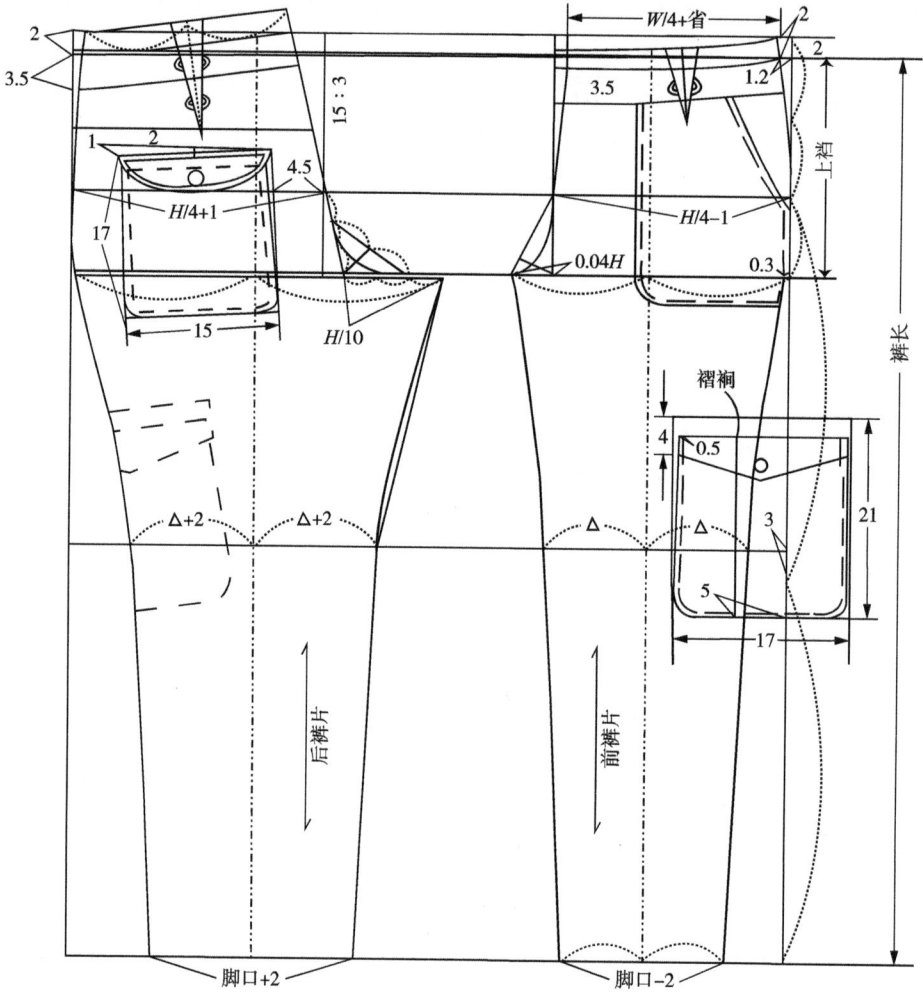

图4-27 女休闲裤结构图

（2）女休闲裤门襟、里襟结构制图，如图4-28所示。

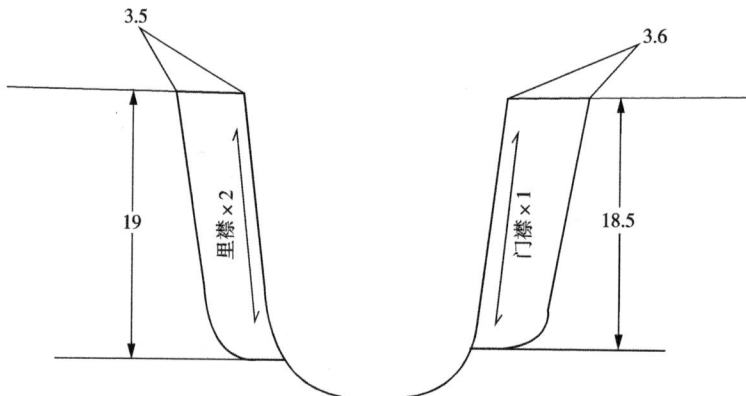

图4-28 女休闲裤门襟、里襟结构图

（3）女休闲裤腰头、育克合并示意图，如图4-29所示。

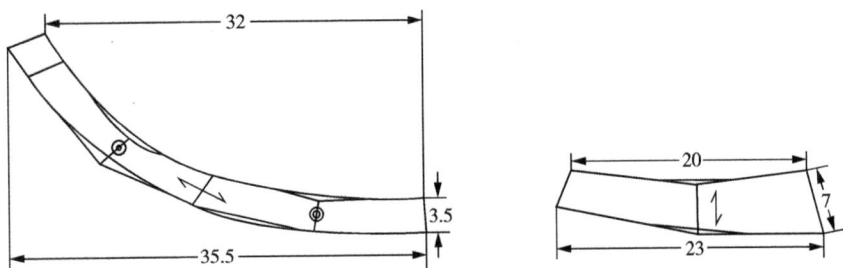

图4-29 女休闲裤腰头、育克合并示意图

5.裁剪样板放缝、排料

女休闲裤裁剪样板放缝和排料，如图4-30所示。

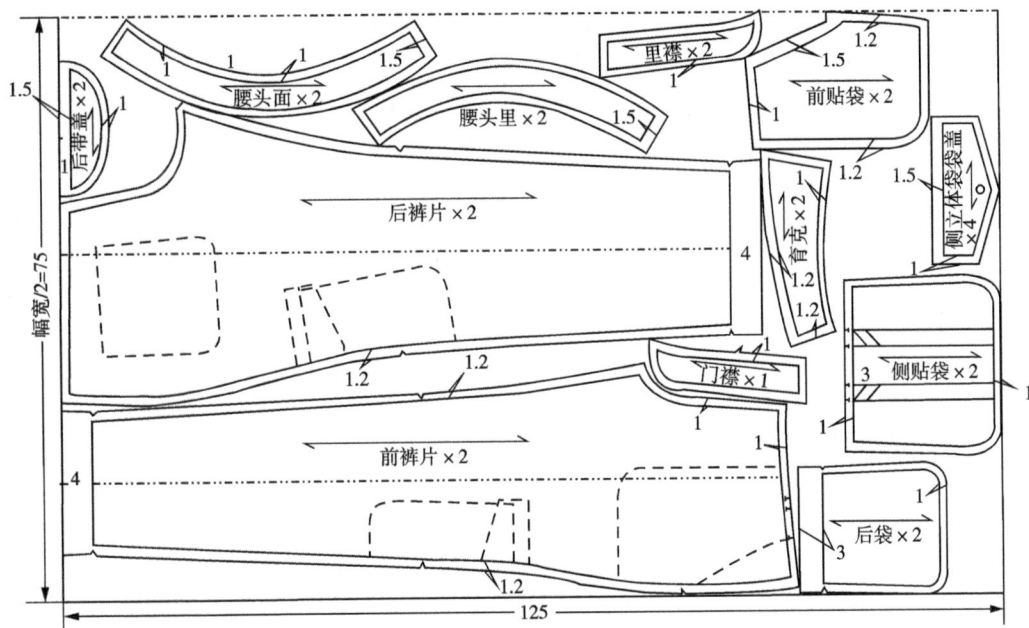

图4-30 裁剪样板放缝与排料

（二）项目质量检验评价（表4-8）

表4-8 女休闲裤质量检验评价

学生姓名		班级		综合得分			
科目		小组		评价	自评得分	组评得分	师评得分
检测项目	检测内容		评分标准	配分			

续表

			18		
女休闲裤结构设计	休闲裤前片、后片、腰头、门襟、里襟、袋布、袋垫布等结构图齐全	女裤前片、后片、腰头、门襟、里襟、袋布、袋垫布等缺少一处扣2分	18		
	画线要顺直、清晰、准确	画线不顺直，每处扣1分，不清晰扣3分，不准确扣3分	15		
	丝缕标注准确	丝缕漏标一处扣2分，标注错误一处扣3分	15		
	结构图各部位标记要准确	各部位标记有误扣2分，多、漏、错每处各扣2分	12		
时间	在规定时间内完成	每超过10分钟，扣2.5分	10		
工具	使用工具要正确	未正确使用相应工具扣5分	10		
整洁	完成结构制图后，作品画面要整洁	完成结构制图后，作品画面不整洁扣10分	10		
安全	安全	在制图中未按要求执行，出现安全事故扣10分	10		
企业质检评定等次	优质品（　　）　　良品（　　）　　合格品（　　）　　次品（　　）				
学生签字		组长签字	老师签字		师傅签字

四、应会技能操作拓展

宽松裤结构设计

1. 认识宽松裤

图4-31所示款式为宽松裤，直腰装腰头，左、右前裤片腰口各设褶5个，褶上端缉线，前袋的袋型为侧缝直袋，左、右后裤片腰口各收省2个，右侧缝上端装隐形拉链。

图4-31　宽松裤款式图

2. 成品规格

宽松裤规格尺寸，见表4-9。

表4-9 规格尺寸表

单位：cm

号型	160/66A					
部位	裤长	腰围	臀围	脚口	上裆长	腰头宽
规格	95	72	96	18	23	4

3. 宽松裤的零部件结构

宽松裤的零部件包括：前裤片2片，后裤片2片，腰头1片，袋垫布2片，如图4-32所示。

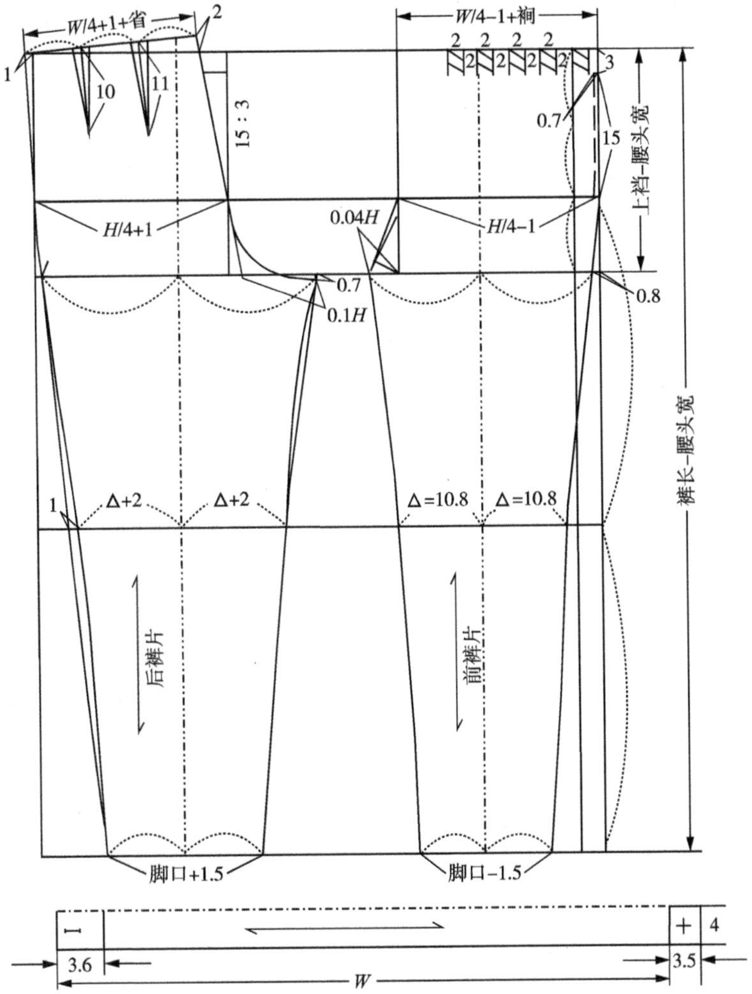

图4-32 宽松裤结构图

4. 宽松裤结构设计

（1）宽松裤前片、后片、腰头结构制图，如图4-32所示。

（2）宽松裤门襟、里襟结构图，如图4-33所示。

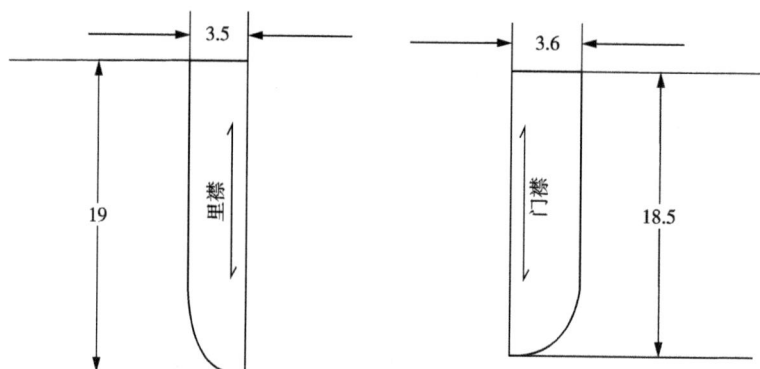

图4-33　宽松裤门襟、里襟结构图

（3）宽松裤侧缝处直袋结构制图，如图4-34所示。

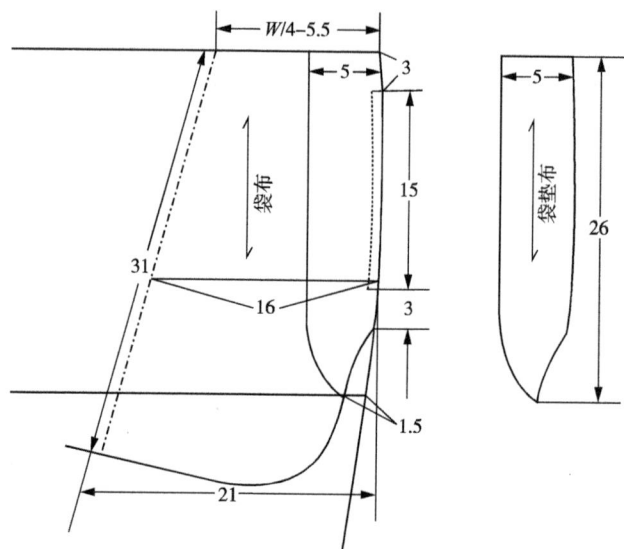

图4-34　宽松裤侧缝处直袋结构图

5. 裁剪样板放缝、排料

宽松裤裁剪样板放缝和排料，如图4-35所示。

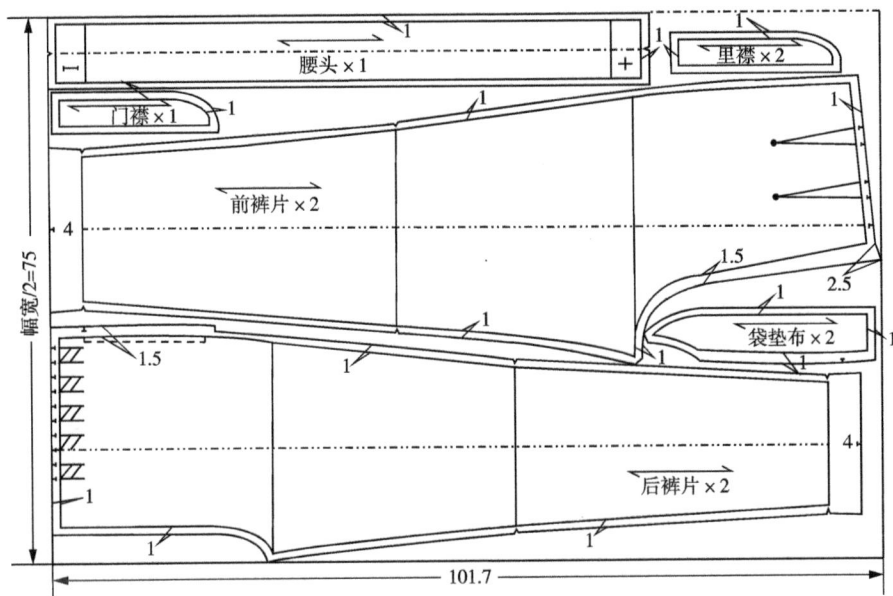

图4-35 裁剪样板放缝与排料

专业应知知识拓展训练 ●●●●●●●●●●●●●●●●●●●●●●●●●

根据休闲裤结构图的技术规格要求，绘制一条女休闲裤结构图。

05

模块五
衬衫、连衣裙结构设计

项目一　女衬衫结构设计
项目二　男衬衫结构设计
项目三　连衣裙结构设计

★学习目标

学生通过校中厂的衬衫、连衣裙成品，能按衬衫、连衣裙款式图和质量要求熟练绘制衬衫、连衣裙结构设计。为理论联系实际、提高动手实作的能力打好基础，并能做到服装的衬衫局部变化，使其一通百通，为服装结构制图提供帮助。

★学习方法

学生结合情境视频、教师演示法、任务引领法等方式，以小组合作为学习单位，掌握常用工具、专用工具、计算机平面设计软件、服装CAD软件、衬衫和连衣裙结构设计等基础知识，有条件的情况下，建议可以在企业进行教学实习、顶岗实习等方式训练。

项目一 女衬衫结构设计

一、项目目标

（一）知识目标

了解女衬衫需绘制的部件，并能检验其准确性。掌握女衬衫结构绘制程序和技术指标要求。

（二）能力目标

熟练绘制女衬衫结构图，掌握其绘制技能技巧和变化款的绘制。

（三）素质目标

在工作过程（或小组学习活动）中培养学生合作协调的能力和爱岗敬业的工匠精神，引导学生逐步形成善思考、勤动手的良好习惯。

二、项目引入

服装设计与工艺专业毕业的学生，为感恩回报老师，特意要为在校教职工定制一件衬衫，以示敬意。

衬衫是男女上体穿用的服装。衬衫的基本结构设计一般由前后衣片、袖片、领片等组合而成，其式样变化繁多，随着社会和服装流行趋势的发展，每年均有新颖的款式问世，女衬衫式样的变化尤为显著。本项目介绍的女衬衫，穿着适身合体、简洁大方，能衬托出女性优雅的气质。

三、项目实施

（一）女衬衫结构设计

1.认识女衬衫

图5-1所示的款式为女衬衫，领型为连翻领、前中开襟、单排扣，左开襟处钉纽五

粒，前后片腰节处略吸腰，腋下摆缝处收侧胸省，袖型为一片式长袖，袖口收细褶、装袖头，袖头上钉纽一粒。

图5-1　女衬衫款式图

2. 成品规格

女衬衫规格尺寸，见表5-1。

表5-1　规格尺寸表　　　　单位：cm

号型	160/84A							
部位	衣长	胸围	肩宽	领围	腰节长	袖长	袖头宽	袖窿尺寸（AH）
规格	64	96	40	38	38	53	4	43

3. 女衬衫的零部件结构

女衬衫的零部件包括：前衣片2片，后衣片1片，袖片2片，领面、领里各1片，袖头2片，袖衩条2片。

4. 女衬衫结构设计

（1）女衬衫前、后衣片结构制图，如图5-2所示。

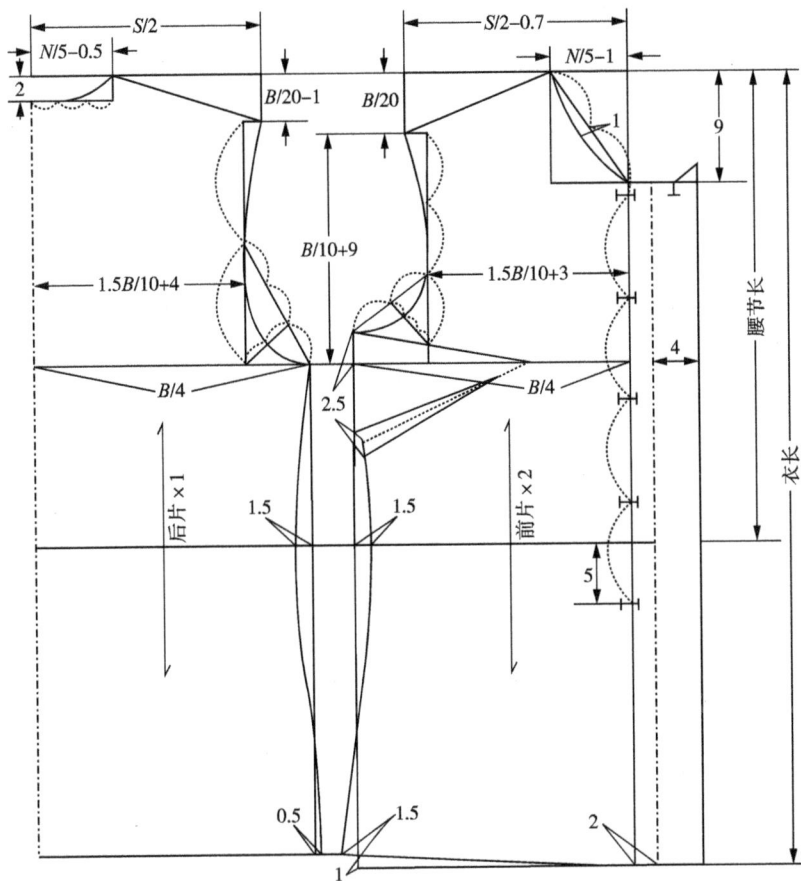

图5-2 女衬衫结构图

（2）女衬衫袖片、袖头、袖衩条结构图，如图5-3所示。

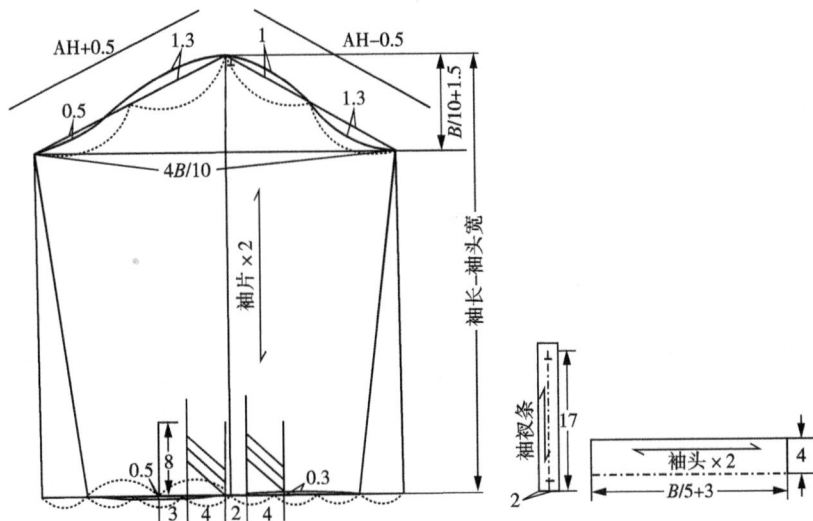

图5-3 女衬衫袖结构图

（3）女衬衫领片结构制图，如图5-4所示。

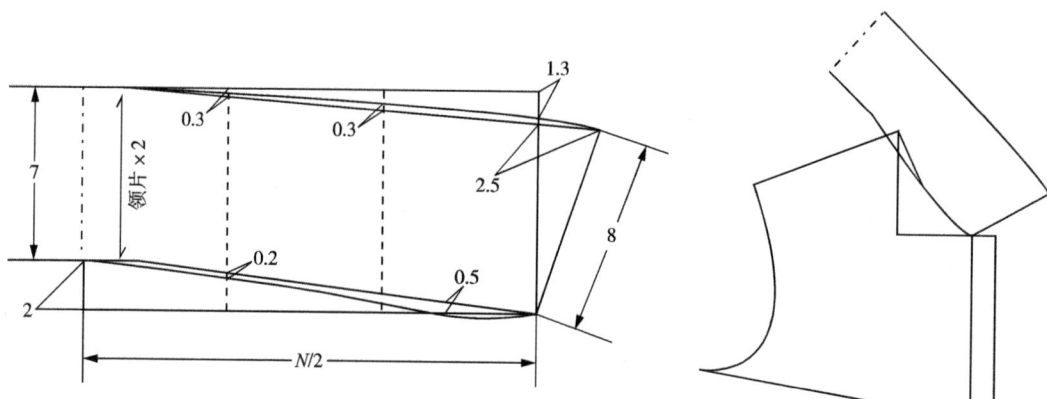

图5-4　女衬衫领片结构图

5. 裁剪样板放缝、排料

女衬衫裁剪样板放缝和排料，如图5-5所示。

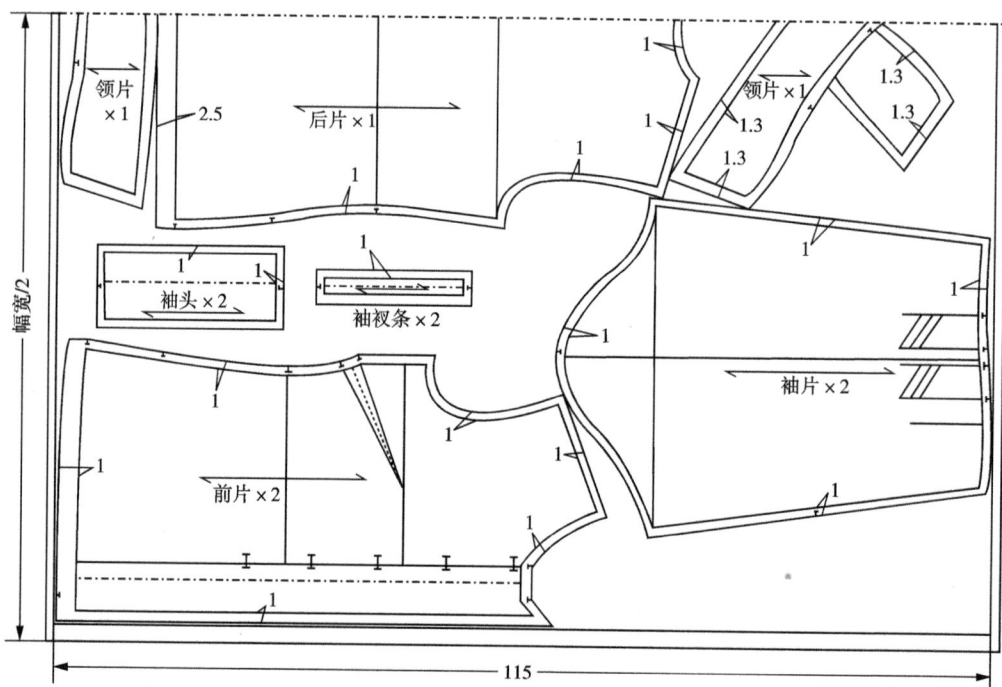

图5-5　裁剪样板放缝与排料

（二）项目质量检验评价（表5-2）

表5-2　女衬衫质量检验评价

学生姓名		班级			综合得分			
科目		小组			评价	自评得分	组评得分	师评得分
检测项目	检测内容		评分标准		配分			
女衬衫结构设计	衣片、袖、领、袖头、袖衩结构图及裁剪图齐全		衣片、袖、领、袖头、袖衩结构图及裁剪图缺少一处扣2分		18			
	画线要顺直、清晰、准确		画线不顺直，每处扣1分，不清晰扣3分，不准确扣3分		15			
	丝缕标注准确		丝缕漏标一处扣2分，标注错误一处扣3分		15			
	结构图各部位标记要准确		各部位标记有误扣2分，多、漏、错每处各扣2分		12			
时间	在规定时间内完成		每超过10分钟，扣2.5分		10			
工具	使用工具要正确		未正确使用相应工具扣5分		10			
整洁	完成结构制图后，作品画面要整洁		完成结构制图后，作品画面不整洁扣10分		10			
安全	安全		在制图中未按要求执行，出现安全事故扣10分		10			
企业质检评定等次	优质品（　　　）　　良品（　　　）　　合格品（　　　）　　次品（　　　）							
学生签字		组长签字		老师签字			师傅签字	

四、专业应知知识拓展

（一）后小肩线略长于前小肩线的原因

后小肩线略长于前小肩是为了满足人体肩胛骨隆起及前肩部平挺的需要，后小肩线略长于前小肩线的控制数值与人体的体型、面料的性能及肩缝的设置有关，一般控制在0.5～1cm。

（二）衣领与前片领圈制图配合的合理性

衣领与前片领圈制图配合的合理性必须符合以下四点：

（1）领底线前端的曲线和领圈吻合；

（2）领底线与前领圈的转折点位置清楚；

（3）领底线凹势的确定有依据；

（4）衣领的造型一目了然。

（三）前领宽比后领宽略小的原因

由于人体颈部的形状是斜截面近似桃形，前领口处平，而后领口有弓凸面弧形，因而形成了衣领的前窄后宽，因此前领宽应比后领宽略小。

（四）确定上装门襟、里襟叠门大的原因

当上装门襟、里襟叠合时，纽扣的中心应落在叠门线上。原因：一则是上装门襟、里襟大小与纽扣的直径有关，纽扣的直径越大，叠门也就越大；二则考虑到前中心线上所受到的拉力，所以门襟、里襟叠门的最小值应为1.5cm，叠门大的计算公式为：前中心线上的叠门大≥1.5cm；前中心线上的叠门大=纽扣直径+（0～0.5）cm。

五、应会技能操作拓展

铜盆领衬衫结构设计

1. 认识铜盆领衬衫

铜盆领又称彼得潘领。彼得·潘是一个永远也不会长大的男孩，他总是穿着小翻领衬衫，领型略扁且单薄，有时候尖角被演绎成圆角，一直在童装中流行，20世纪60年代开始，这种领型开始应用在女装之中，是女生穿衣搭配的常款，尽显可爱风格；另外，家居服饰常用，尽显慵懒、性感。图5-6所示的款式为铜盆领衬衫。领型为连翻领，前中开襟、单排扣，左开襟处钉纽五粒；前后片腰节处略吸腰，前后片胸围以上做分割；后背设后中缝；前后片收腰省；弧形下摆；一片袖。

图5-6 铜盆领款式图

2. 成品规格

铜盆领衬衫的规格尺寸，见表5-3。

表5-3 规格尺寸表   单位：cm

号型	160/84A							
部位	衣长	胸围	腰围	肩宽	领围	腰节长	袖长	袖窿尺寸（AH）
规格	56	92	72	36	38	38	24	44

3. 铜盆领衬衫的零部件结构

铜盆领衬衫的零部件包括：前衣片2片，前育克2片，后衣片2片，后育克1片，袖片2片，领面、领里各1片。

4. 铜盆领女衬衫结构设计

（1）铜盆领衬衫前衣片、后衣片、前育克、后育克结构制图，如图5-7所示。

（2）铜盆领衬衫袖片、领片结构制图，如图5-8所示。

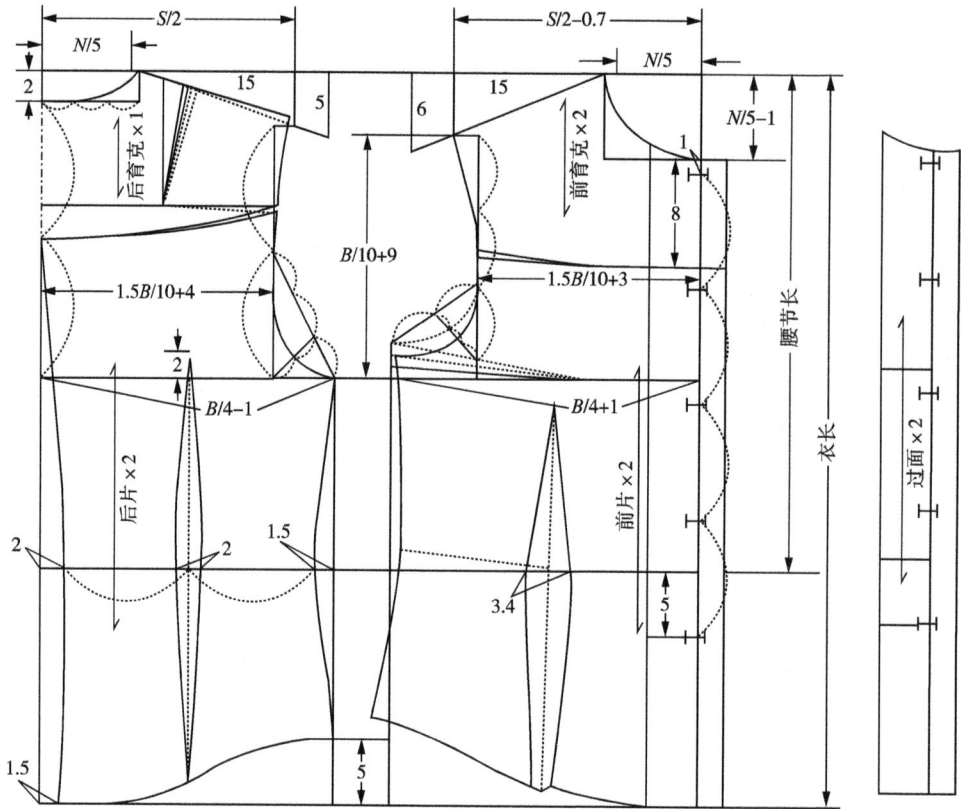

图5-7　铜盆领衬衫结构图

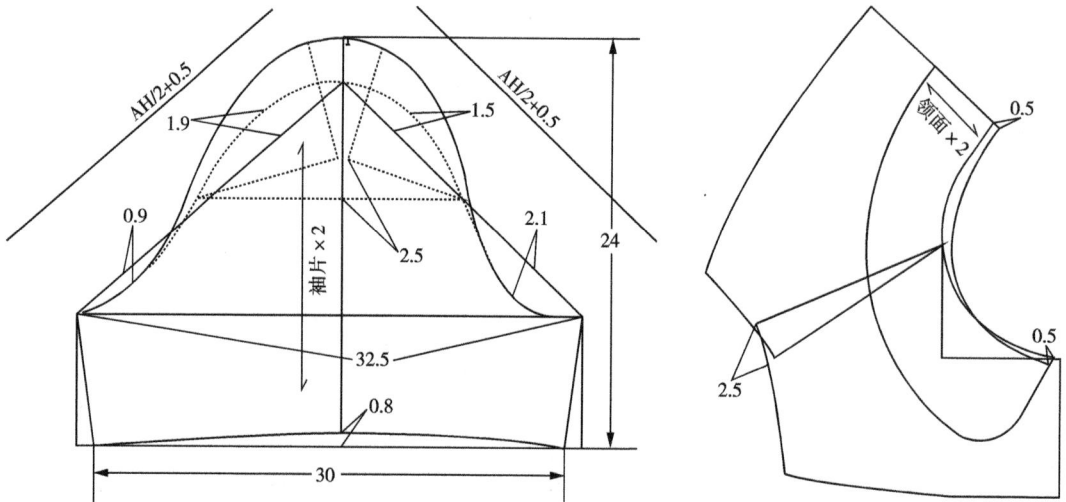

图5-8　铜盆领衬衫袖、领结构图

5. 裁剪样板放缝、排料

铜盆领女衬衫裁剪样板放缝和排料，如图5-9所示。

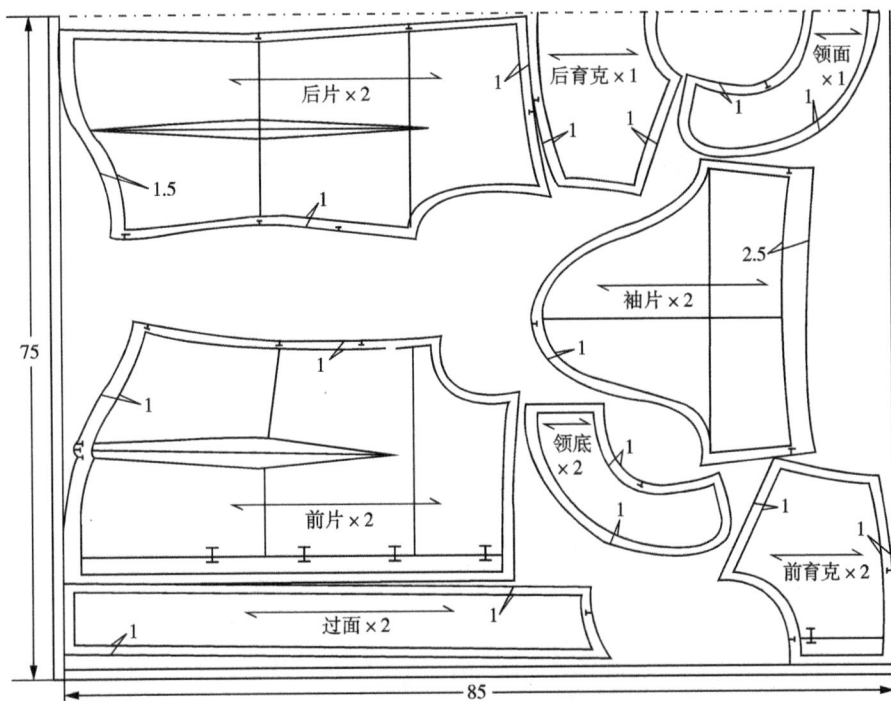

图5-9 裁剪样板放缝与排料

专业应知知识拓展训练 ●

根据女衬衫结构图的技术规格要求,绘制女衬衫变化款式结构图。

项目二 男衬衫结构设计

一、项目目标

（一）知识目标

了解男衬衫需绘制的部件，并能检验其准确性。掌握男衬衫结构绘制程序和技术指标要求。

（二）能力目标

熟练绘制男衬衫结构图，掌握其绘制技能技巧和变化款的绘制。

（三）素质目标

在工作过程（或小组学习活动）中培养学生合作协调的能力和爱岗敬业的工匠精神，引导学生逐步形成善思考、勤动手的良好习惯。

二、项目引入

在项目当中，我们讲到的毕业学生为感恩回报老师，为老师们制作衬衫的实事。通过上次女衬衫结构设计，大家看到了成品效果，男老师们也迫切期待，话不多说，马上动手操作男衬衫结构设计。

穿出精神、穿出品位、穿出气质，是每位成功男士的向往，衬衫穿着适身合体，有助于体现男士整体的形象与素养。男衬衫种类繁多，在夏季可以作为外衣穿着，在正式场所能与西服搭配，在旅游时能与休闲服装搭配。本项目介绍的男衬衫穿着大方、稳重，尽显高雅脱俗的男士形象，对各年龄层次男性均较适宜。

三、项目实施

（一）男衬衫结构设计

1. 认识男衬衫

图5-10所示的款式为男衬衫，领型为小角翻立领，前中开襟、单排扣，6粒扣，左前衣片设1个胸袋，装后过肩，平下摆，侧缝为直腰型，装袖，袖头处左右各收2个裥，装圆袖头，袖头钉纽1粒。

图5-10 男衬衫款式图

2. 成品规格

男衬衫规格尺寸，见表5-4。

表5-4 规格尺寸表

单位：cm

号型	170/88A						
部位	衣长	胸围	肩宽	领围	袖长	袖头宽	袖窿尺寸（AH）
规格	72	110	46	39	58.5	6	52

3. 男衬衫的零部件结构

男衬衫的零部件包括：前衣片2片，后衣片1片，袖片2片，过肩1片，领座、翻领各2片，贴袋1片，左外门襟1片，袖头4片，大、小袖衩各2片。

4. 男衬衫结构设计

（1）男衬衫前衣片、后衣片、过肩、贴袋结构制图，如图5-11所示。

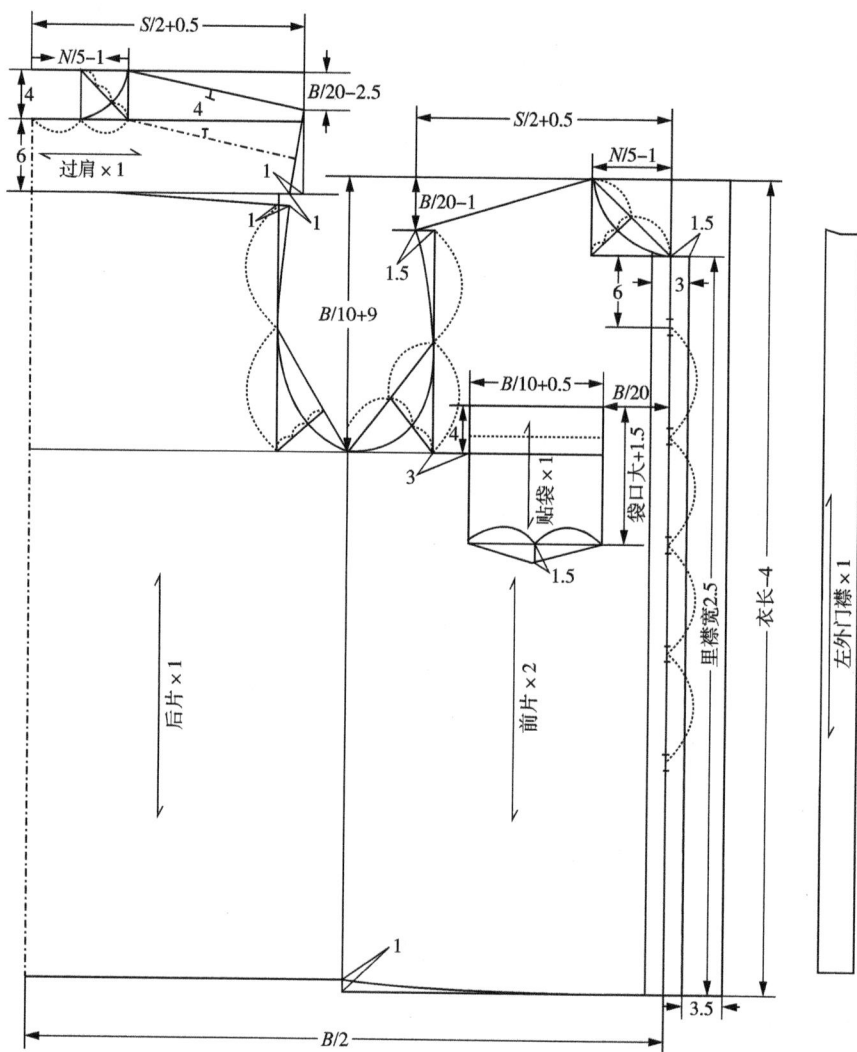

图5-11 男衬衫结构图

（2）男衬衫袖片、袖头以及大、小袖衩结构裁片图，如图5-12所示。

（3）男衬衫衣领结构制图，如图5-13所示。

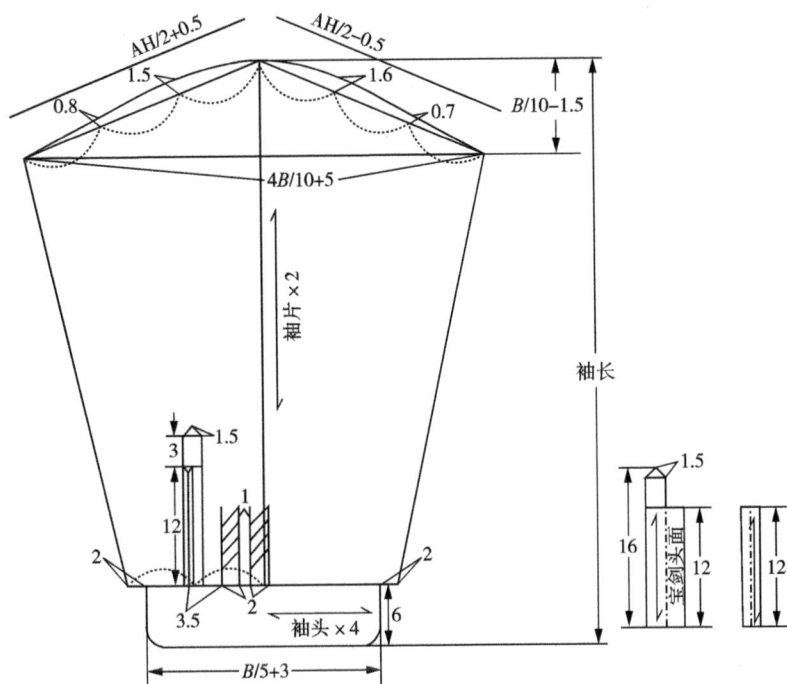

图5-12 男衬衫袖结构图

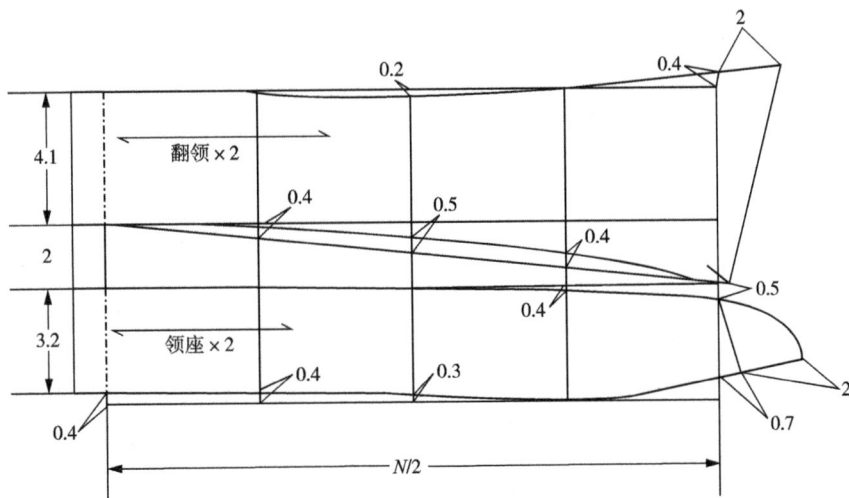

图5-13 男衬衫衣领结构图

5. 裁剪样板放缝、排料

男衬衫裁剪样板放缝和排料，如图5-14所示。

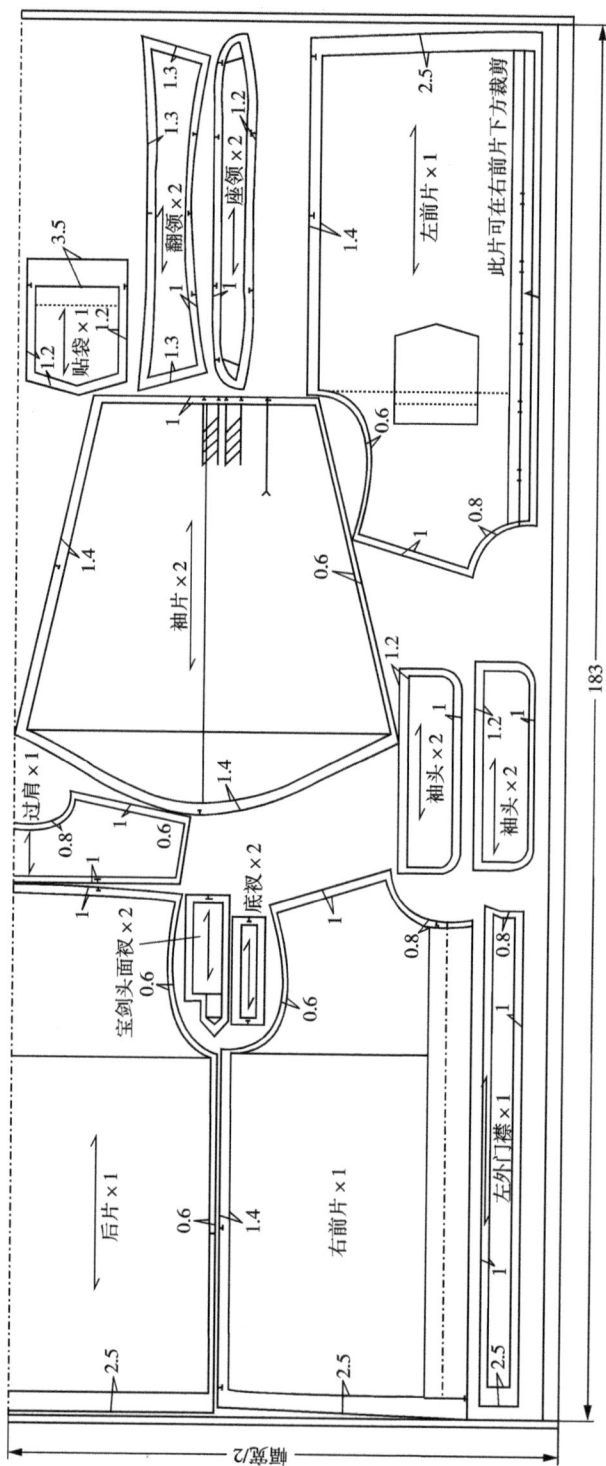

图5-14　裁剪样板放缝与排料

（二）项目质量检验评价（表5-5）

表5-5 男衬衫质量检验评价

学生姓名		班级		综合得分			
科目		小组		评价	自评得分	组评得分	师评得分
检测项目	检测内容		评分标准	配分			
男衬衫结构设计	衣片、袖片、领片、贴袋、袖衩、袖头等结构图，裁剪图齐全		衣片、袖片、领片、贴袋、大小袖衩、袖头结构图、裁剪图等缺少一处扣2分	18			
	画线要顺直、清晰、准确		画线不顺直，每处扣1分，画线不清晰扣2分，画线手势不准确扣2分	15			
	丝缕标注要准确		丝缕漏标一处扣2分，标注错误一处扣1分	15			
	结构图各部位标记要准确		各部位标记有误扣1分，多、漏、错每处各扣2分	12			
时间	在规定时间内完成		每超过5分钟，扣2分	10			
工具	使用工具要正确		未正确使用相应工具扣5分	10			
整洁	完成结构制图后，作品画面要整洁		完成结构制图后，作品画面不整洁扣10分	10			
安全	安全		在制图中未按要求执行，出现安全事故扣10分	10			
企业质检评定等次	优质品（　　）　　良品（　　）　　合格品（　　）　　次品（　　）						
学生签字		组长签字		老师签字		师傅签字	

四、专业应知知识拓展

（一）胸袋上口平直的原因

因为男衬衫属于宽松造型，同时上下袋口一样大，并且袋布丝缕要与前片丝缕一致，但在穿着时或多或少会在视觉上出现略向下斜，一般情况下，上装胸袋口近袖窿处为了使视觉平衡，均略向上倾斜，但在男衬衫中不采用上斜的方法，处理成平直的袋口。

（二）第一至第二粒纽位比其他纽位距离稍短的原因

衬衫门襟如每粒纽位距离一致，在夏季作外衣，敞开衣领穿着时，就会显得衣领敞开太大，所以要略减短第一至第二粒纽位之间的距离。此外，衬衫面料软而薄，衣领硬挺，这样可使衣领具有张开的趋势，达到雅观效果。

（三）用角度控制肩斜度较合理的原因

肩斜有两种确定方法，一种是用计算公式控制肩斜度，另一种是用角度控制肩斜度。计算公式会因为胸围、领围、肩宽等因素的变化而变化，而人体的肩斜度具有一定的稳定性，实际运用中用两直角边的比值来确定肩斜度，这样既保留了角度确定的合理性，又使制图方法得到了简化，相比较而言，采用角度控制肩斜度就具有一定的稳定性，所以用角度控制肩斜度比较合理。

五、技能应会操作拓展

男式休闲短袖衬衫结构设计

1. 认识男式休闲短袖衬衫

图5-15所示的款式为男式休闲短袖衬衫，领型为方形翻立领，前中开襟，单排6粒扣，左前片设置1个胸贴袋，圆下摆，收腰型，装袖，袖型为一片式短袖。

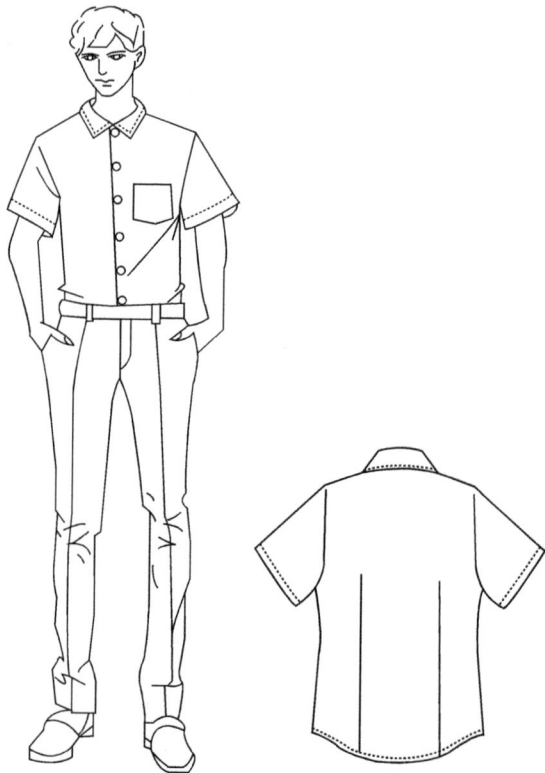

图5-15　男式休闲短袖衬衫款式图

2. 成品规格

男式休闲短袖衬衫规格尺寸，见表5-6。

表5-6　规格尺寸表　　　　　　　　　　　　　单位：cm

号型	170/88A					
部位	衣长	胸围	肩宽	领围	袖长	袖窿尺寸（AH）
规格	72	103	46	39	28	44

3. 男式休闲短袖衬衫的零部件结构

男式休闲短袖衬衫的零部件包括：前衣片2片，后衣片1片，袖片2片，领座、翻领各2片，贴袋1片。

4. 男式休闲短袖衬衫结构设计

（1）男式休闲短袖衬衫前衣片、后衣片、贴袋结构制图，如图5-16所示。

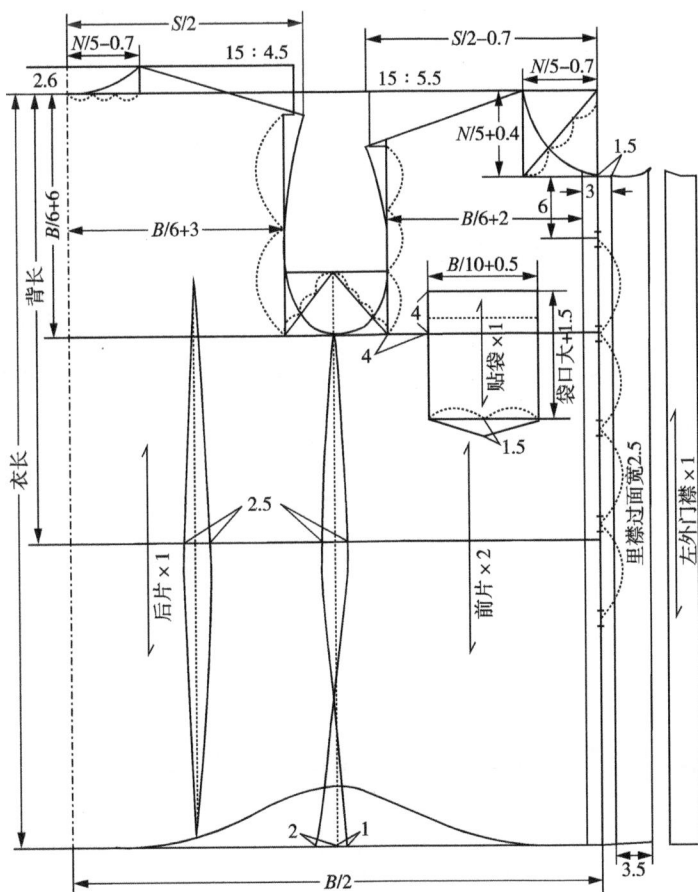

图5-16　男式休闲短袖衬衫结构图

（2）男式休闲短袖衬衫袖结构图，如图5-17所示。

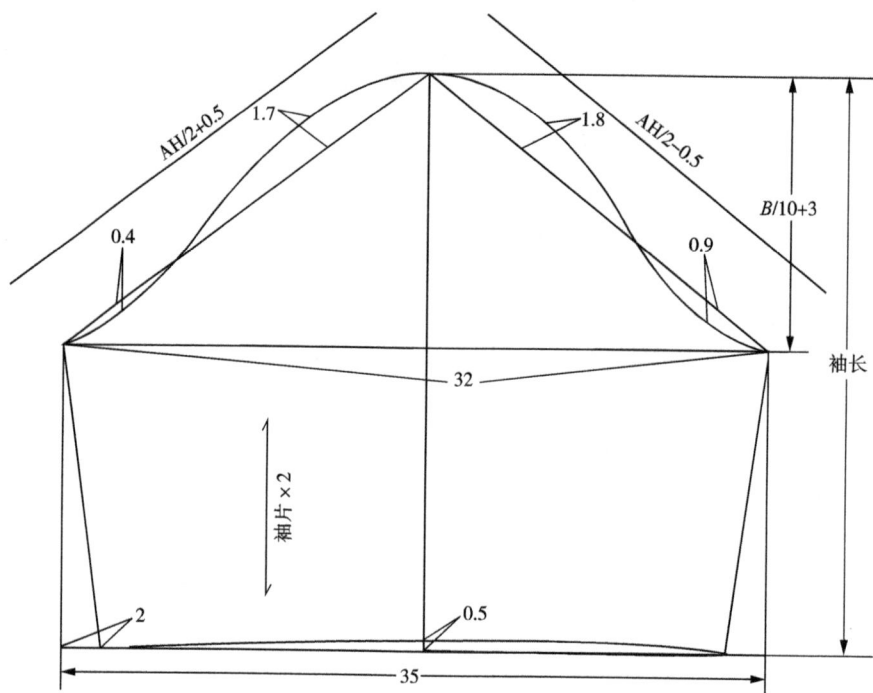

图5-17　男式休闲短袖衬衫袖结构图

（3）男式休闲短袖衬衫领片结构制图，如图5-18所示。

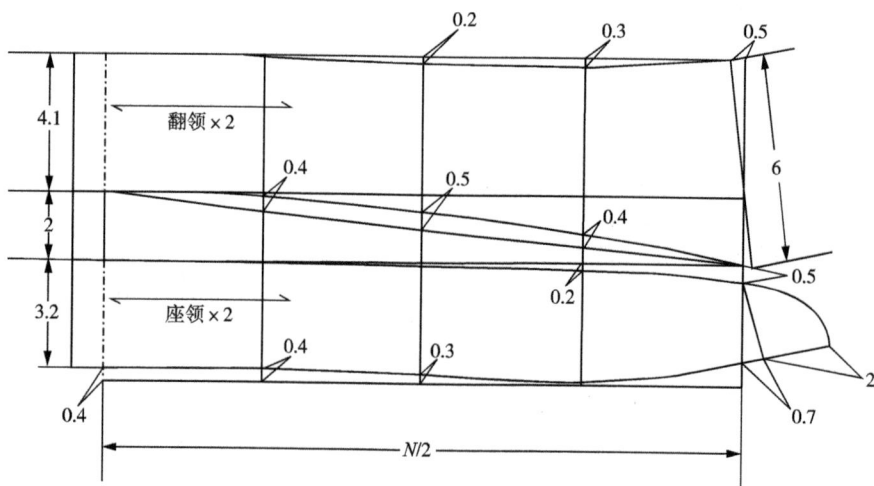

图5-18　男式休闲短袖衬衫领结构图

5. 裁剪样板放缝、排料

男式休闲短袖衬衫放缝和排料，如图5-19所示。

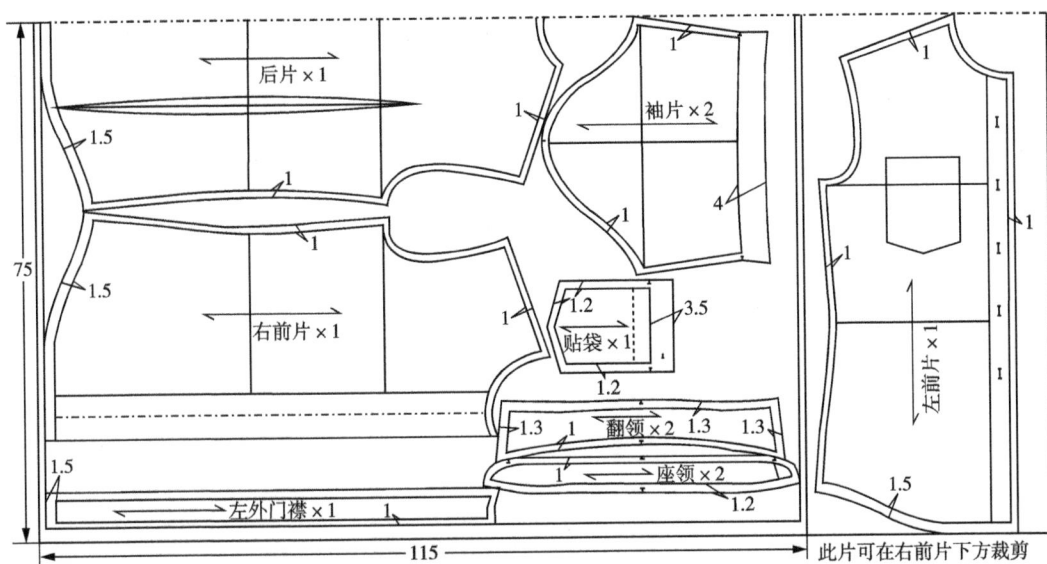

图5-19　裁剪样板放缝与排料

专业应知知识拓展训练 ●

根据男衬衫结构图的技术规格要求，绘制男衬衫变化款式结构图。

项目三　连衣裙结构设计

一、项目目标

（一）知识目标

了解连衣裙需绘制的部件，并能检验其准确性。掌握连衣裙结构绘制程序和技术指标要求。

（二）能力目标

熟练绘制连衣裙结构图，掌握其绘制技能技巧和变化款的绘制。

（三）素质目标

在工作过程（或小组学习活动）中培养学生合作协调的能力和爱岗敬业的工匠精神，引导学生逐步形成善思考、勤动手的良好习惯。

二、项目引入

学校开展纪念一二·九运动的活动，我们专业准备一个合唱节目。男生的服装很简单，西裤加白衬衫，女生想穿裙子，又不能太花哨，负责的同学寻求老师的建议，可否自己设计制作一款女生服装。一方面可以学以致用，另一方面亲力亲为以示对革命先烈的敬重。老师非常赞同，并对她们的做法给予肯定和表扬。

连衣裙是上衣与裙子连接在一起的女装，线条流畅，能突出女性体态美。连衣裙可以在夏季及春秋穿着。夏季的连衣裙一般以短袖、无袖为主，有领或无领，选用棉布、丝绸及薄质地的化纤面料制作。

三、项目实施

（一）连衣裙结构设计

1. 认识连衣裙

图5-20所示的款式为连衣裙，本款连衣裙上衣部分为无领、无袖，右侧缝处装拉链，前衣片侧缝及腰节处收省，后衣片在肩部及腰节处收省；裙子部分为两片式短裙，在人体腰节部位剪接。

图5-20　连衣裙款式图

2. 成品规格

连衣裙规格尺寸，见表5-7。

表5-7　规格尺寸表　　　　　单位：cm

号型	160/84A						
部位	裙长	腰节长	胸围	腰围	臀围	肩宽	领围
规格	60	39	92	72	96	38	38

3. 连衣裙的零部件结构

连衣裙的零部件包括：前衣片1片，前裙片1片，后衣片1片，后裙片1片，前领袖贴边1片，后领袖贴边1片。

4. 连衣裙结构设计

连衣裙前衣片、后衣片、前裙片、后裙片、前领袖贴边、后领袖贴边结构制图，如图5-21所示。

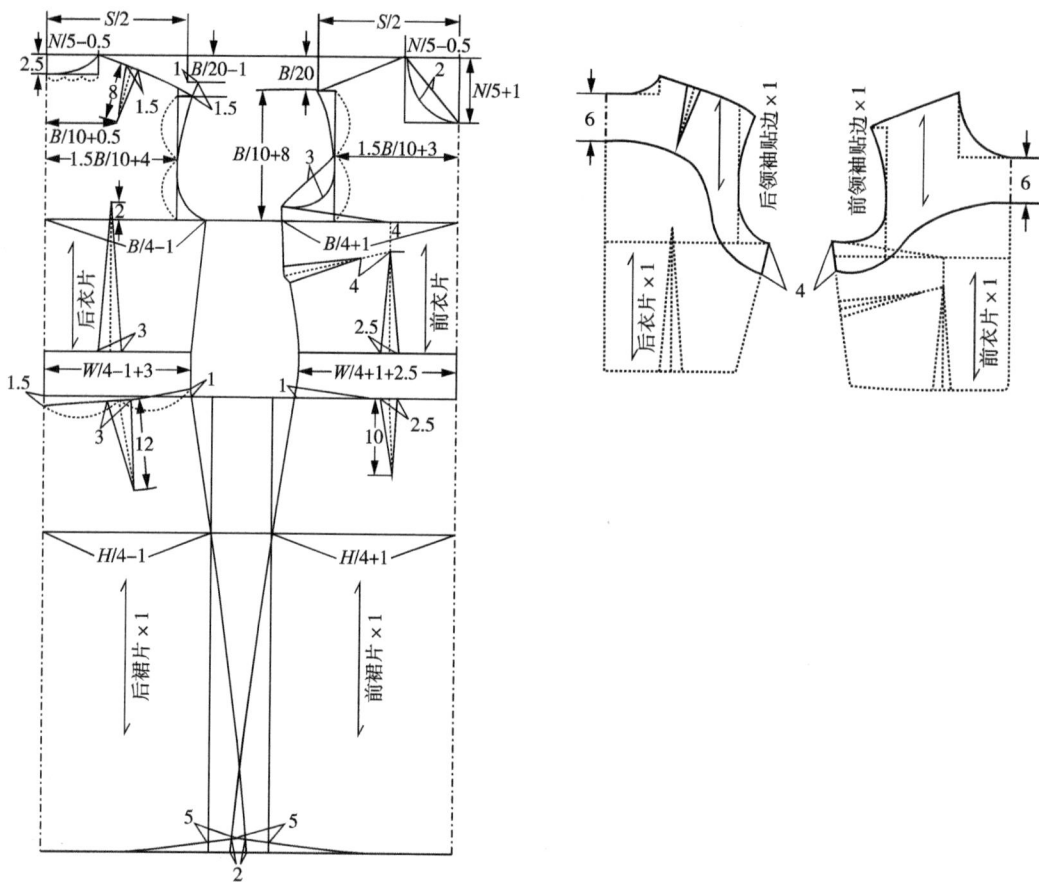

图5-21　连衣裙结构图

5. 裁剪样板放缝、排料

连衣裙裁剪样板放缝和排料，如图5-22所示。

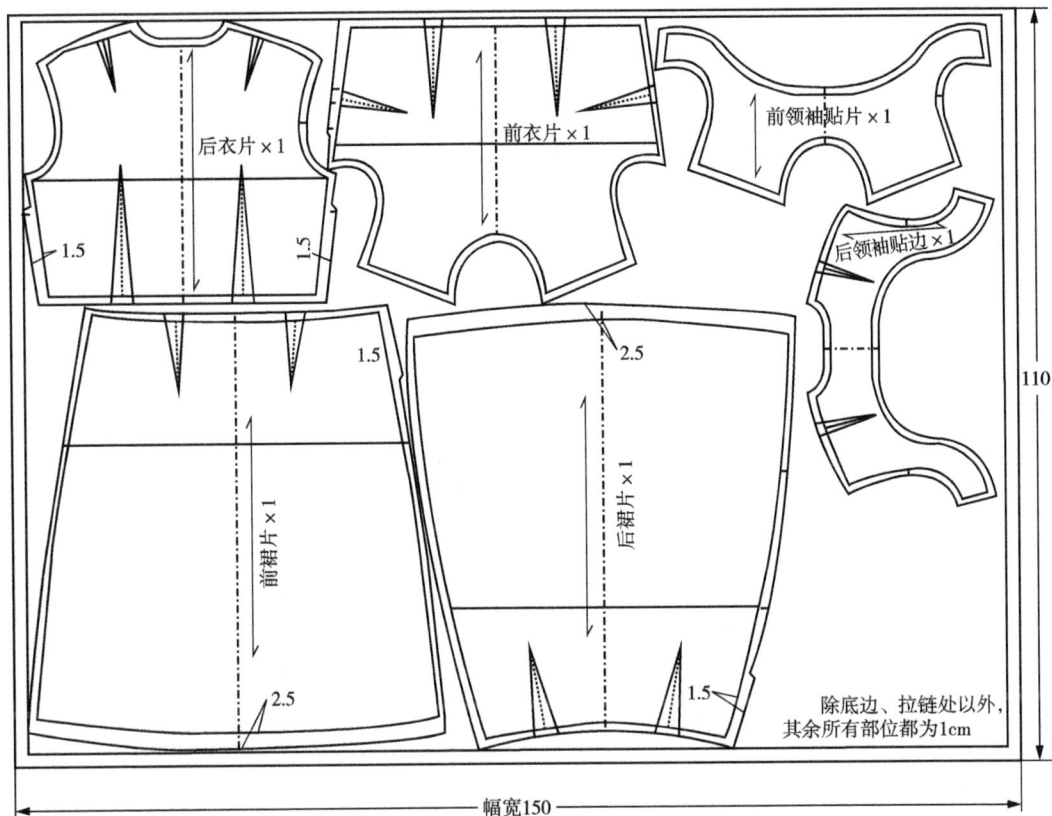

图5-22 裁剪样板放缝与排料

（二）任务质量检验评价（表5-8）

表5-8 连衣裙质量检验评价

学生姓名		班级		综合得分			
科目		小组		评价	自评得分	组评得分	师评得分
检测项目	检测内容		评分标准	配分			
连衣裙结构设计	衣片、裙片、领袖贴边结构图和裁剪图齐全		衣片、裙片、领袖贴边结构图和裁剪图缺少一处扣2分	18			
	画线要顺直、清晰、准确		画线不顺直，每处扣1分，不清晰扣2分，不准确扣2分	15			
	丝缕标注要准确		丝缕漏标一处扣2分，标注错误一处扣1分	15			

续表

连衣裙结构设计	结构图各部位标记要准确	各部位标记有误扣1分，多、漏、错每处各扣2分	12			
时间	在规定时间内完成	每超过5分钟，扣2分	10			
工具	使用工具要正确	未正确使用相应工具扣5分	10			
整洁	完成结构制图后，作品画面要整洁	完成结构制图后，作品画面不整洁扣10分	10			
安全	安全	在制图中未按要求执行，出现安全事故扣10分	10			
企业质检评定等次	优质品（　　）　　良品（　　）　　合格品（　　）　　次品（　　）					
学生签字		组长签字		老师签字		师傅签字

四、专业应知知识拓展

连衣裙按剪接位置不同分类，可分为中腰剪接式、高腰剪接式、低腰剪接式。无论采取哪种剪接方式，都要根据人体体型、兴趣爱好等选择。

（1）中腰剪接式，剪接位置在人体腰部，是最常见款式。

（2）高腰剪接式，剪接位置高于人体腰部，一般情况下，在胸围线至腰围线之间上下波动。

（3）低腰剪接式，剪接位置低于人体腰部，一般情况下，在臀围线至腰围线（腹围线）之间上下波动。

五、应会技能操作拓展

旗袍结构设计

1. 认识旗袍

图5-23所示的款式为旗袍，是常见的立领、斜开襟、长袖旗袍。前后片中心线不分割，前片侧缝及腰部收省，后片肩及腰部收省，两侧开衩较高。偏襟，钉两副葫芦纽，侧缝装拉链。袖子为一片袖，袖山较高，袖子较瘦，袖口向前偏，在后袖缝线肘部收一个省。

图5-23 旗袍款式图

旗袍原是清代满族妇女的一种长袍，经过不断的演变和创新，现已成为我国女性典型的民族传统服装，同时作为东方女性的象征，在国际服装舞台占有重要地位。

2. 成品规格

旗袍规格尺寸，见表5-9。

表5-9 规格尺寸表 单位：cm

号型	160/84A										
部位	裙长	腰节长	胸围	腰围	臀围	肩宽	领围	袖长	袖口	前袖窿尺寸（AH）	后袖窿尺寸（AH）
规格	115	39	92	72	96	39	38	53	13	22	24

3. 旗袍的零部件结构

旗袍的零部件包括：前衣片1片，后衣片1片，袖片2片，立领领里、领面各1片，右前衣片1片，右门襟1片。

4. 旗袍结构设计

（1）旗袍前衣片、后衣片、右前衣片结构制图，如图5-24所示。

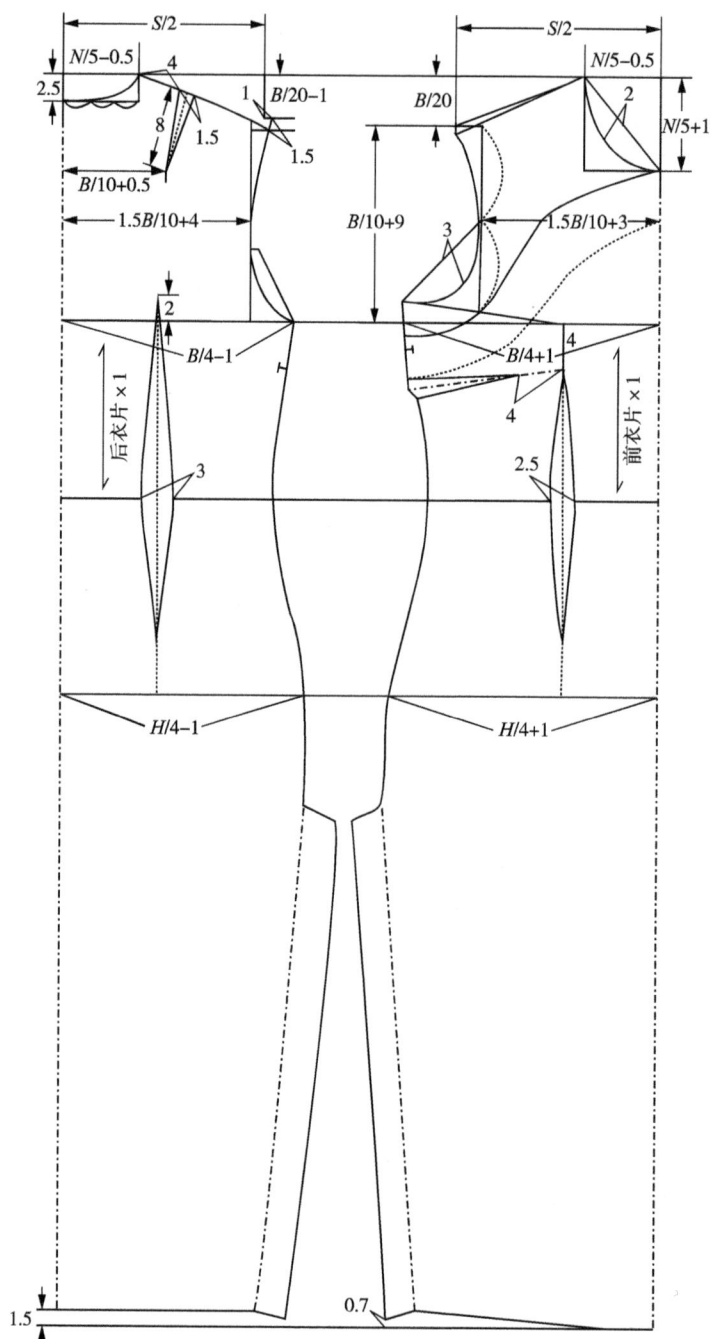

图5-24　旗袍结构图

（2）旗袍袖片结构图，如图5-25所示。

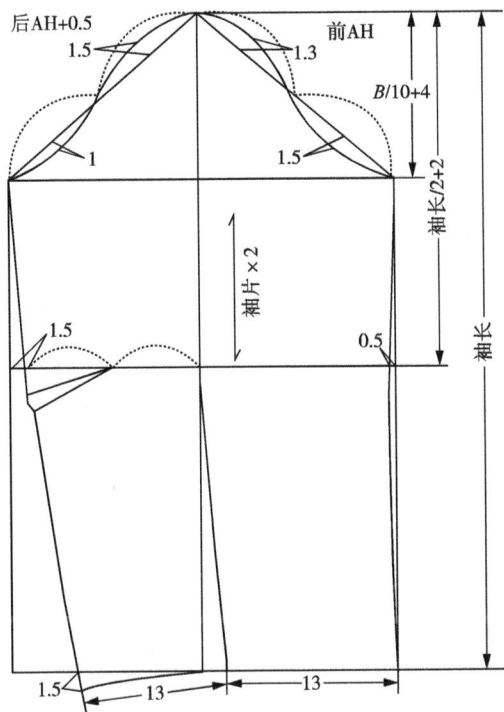

图5-25 旗袍袖片结构图

（3）旗袍立领领片结构制图，如图5-26所示。

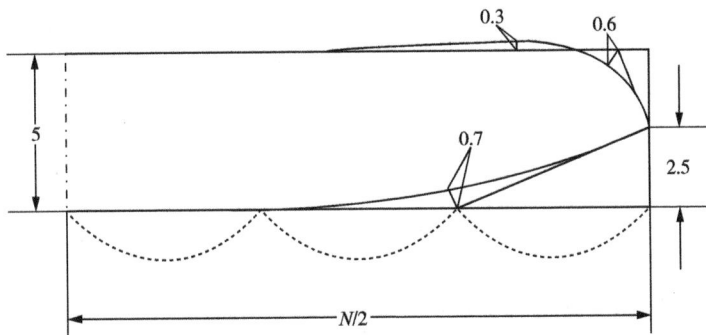

图5-26 旗袍立领结构图

5.裁剪样板放缝、排料

旗袍裁剪样板放缝和排料，如图5-27所示。

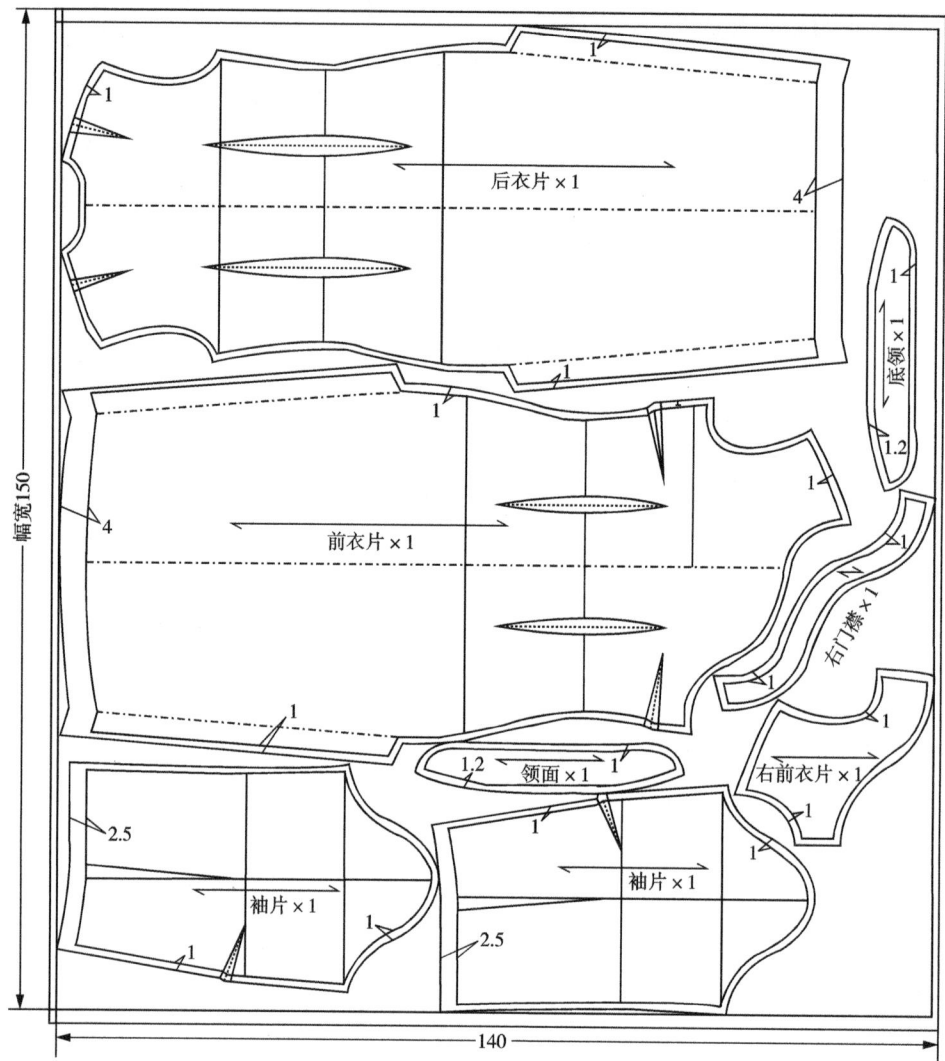

图5-27　裁剪样板放缝与排料

专业应知知识拓展训练 ●

根据连衣裙结构图的技术规格要求，绘制连衣裙变化款式结构图。

06

模块六
时尚款式变化结构设计示例

★学习目标

学生通过成品，能按时尚款式变化结构设计示例图和质量要求熟练绘制时尚款式变化、时尚女装省转移及设计应用及其时尚女装结构设计四个示例。为理论联系实践、提高学生制板的能力打好基础，并能做到时尚款式变化规律，使其触类旁通，为服装各种时尚女装款式结构制图提供帮助。

★学习方法

学生结合情境视频、任务引领法、教师演示法等方式，以小组合作为学习单位，掌握常用工具、专用工具、计算机平面设计软件、服装CAD软件等使用基本知识，有条件的情况下，建议可以在企业进行教学实习、顶岗实习等方式训练。

项目一　时尚女装基型结构设计示例

一、项目目标

（一）知识目标

理解时尚款式变化结构图的质量要求，掌握时尚款式变化结构图的技术要点和变化规律。

（二）能力目标

熟练绘制时尚女装基型结构图，掌握其绘制技能技巧。

（三）素质目标

在工作过程（或小组学习活动）中培养学生协作的能力和工匠精神，引导学生具备较强的责任意识，形成严谨的工作态度。

二、项目引入

参加服装大赛培训班的几个同学，觉得已经学了一年了，想给自己的妈妈做件衣服，其实也是汇报学习成果。几个人完成了从设计到制板，最后做成成衣，做好后拿给老师请老师审查，还别说，真不错。老师们当即决定用这个款式当作女装进行基础款学习。

时尚女装基础结构设计示例，主要是让学生了解省的作用、形状及位置规律，以便把握更多时尚女装结构的变化。

三、项目实施

时尚女装基型结构设计

1. 认识时尚女装基型

如图6-1所示的款式为时尚女装基型结构设计，从外形看，为平驳头西服领，前中

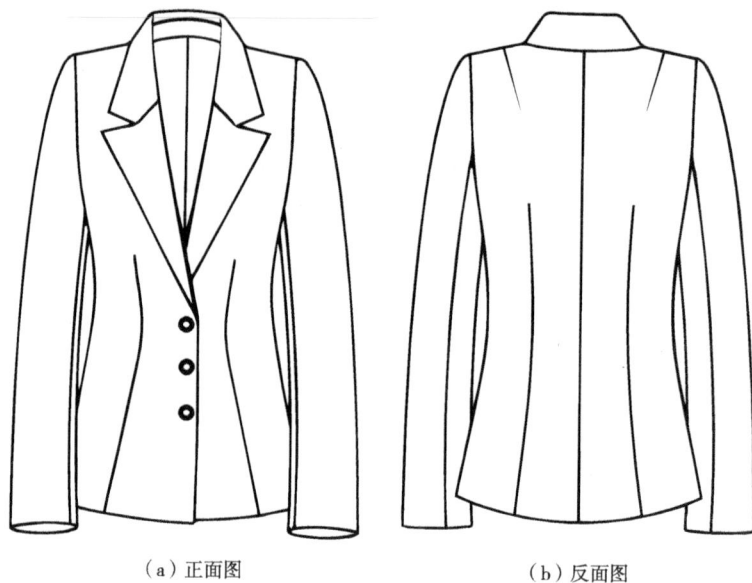

（a）正面图　　　　　　　　（b）反面图

图6-1　时尚女装基型结构设计示例款式图

开襟，单排扣，三粒纽扣，前片收腰省，前中直下摆，后中设背缝，收腰省、肩胸省，两片式合体圆袖。

2. 成品规格

时尚女装基础型的规格尺寸，见表6-1。

表6-1　规格尺寸表　　　　　　　　　　单位：cm

号型	165/84A								
部位	后中心长	后背长	前衣长	胸围	腰围	肩宽	领围	袖长	袖口
规格	56	38	60	92	74	38	38	58	26

3. 时尚女装基型的零部件结构

时尚女装基型的零部件包括：前衣片2片，后衣片2片，领片1片，袖片2片。

4. 时尚女装基型结构设计图（图6-2）

时尚女装基型结构设计图包括：前衣片结构设计；后衣片结构设计；领片结构设计；袖片结构设计。

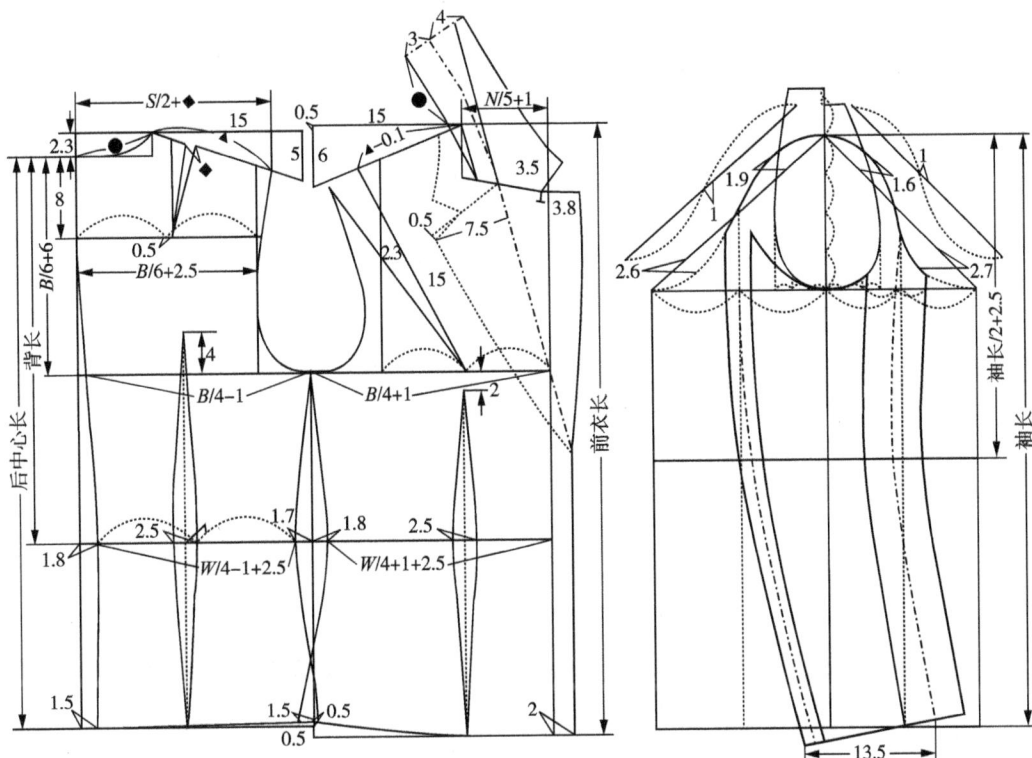

图6-2 时尚女装基型结构设计图

四、专业应知知识拓展

（一）时尚女装前衣片胸省变化的原因

时尚女装要适身合体，衣片上省的设计是必不可少的。省存在于前后衣片、前后裤片、前后裙片以及衣领、衣袖等部位，由省变化而来的分割线、褶裥，更是在实用的基础上，兼顾了造型的美观。由于女性的胸部丰富，故此，时尚女装前衣片胸省的变化就比较典型。

（二）时尚女装必须在适当部位进行收省、分割、褶裥等处理

时尚款式变化结构设计在衣片的结构变化中，省型方向的变化是最基本、最重要的结构变化。收省的主要作用是使服装适身合体，由于人体的体表是由起伏不平的凹凸面组成，女性的曲线变化较男性更为突出，因此，平面的面料要符合立体的人体，使衣片能贴附在人体各部位不同的曲线上，就必须在适当的部位作收省、分割、褶裥等处理。

项目二　女装省转移及设计应用

一、项目目标

（一）知识目标

理解女装省转移结构图及设计应用知识，掌握纸样省道转移的变化规律以及纸样的操作方法。

（二）能力目标

熟练绘制女装省转移结构图及设计应用知识，掌握省转移绘制技能技巧和变化款的绘制。

（三）素质目标

在工作过程（或小组学习活动）中培养学生协作的能力和工匠精神，引导学生具备爱岗敬业、诚实守信的服装行业职业道德素质。

二、项目引入

杨老师近两年由于锻炼身体，体重减轻了不少，身上穿着的衣服有点儿不合体，大家开玩笑说旧的不去，新的不来。她说这件衣服是儿子放假做兼职给买的，她舍不得扔，想让服装专业的王老师帮忙改改。王老师说适当调整一下省道即可。服装培训班的几个同学赶忙凑过来趁机学习。

女装省转移应用设计是学生掌握省转移变化规律以及纸样省道转移的操作方法。通过对女装省转移及设计应用的掌握，对于把握更多时尚女装结构变化规律有很大帮助。

三、项目实施

（一）女装省转移

女装前衣片省的分布、女装领胸省转移、女装肩胸省转移、女装袖胸省转移、女装侧胸省转移，如图6-3～图6-7所示。

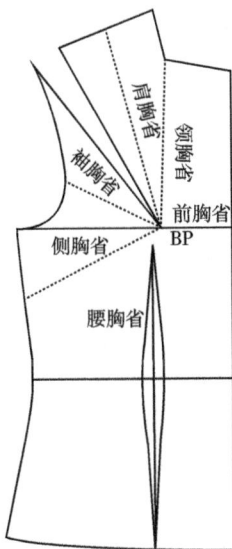

图6-3 省转移分布示意图

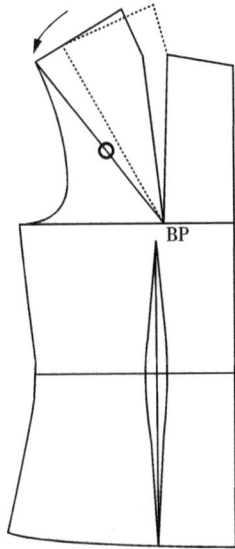

图6-4 领胸省转移示意图

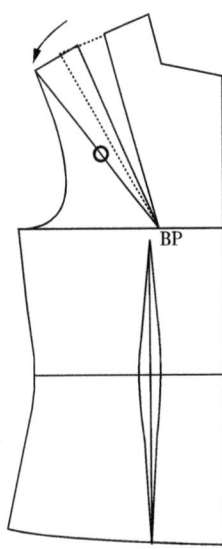

图6-5 肩胸省转移示意图

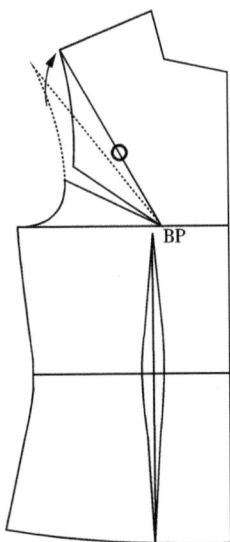

图6-6 袖胸省转移示意图

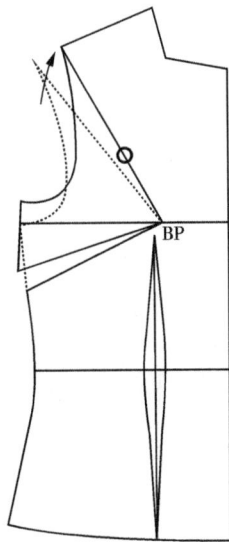

图6-7 侧胸省转移示意图

（二）省在女装设计中的应用

女装领胸省设计应用、女装肩胸省设计应用、女装袖胸省设计应用、女装侧胸省设计应用，如图6-8～图6-11所示。

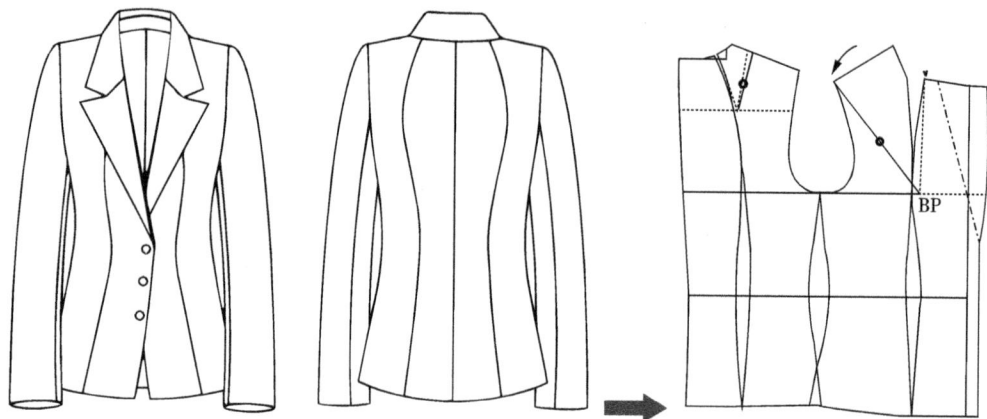

图6-8　领胸省设计应用示意图

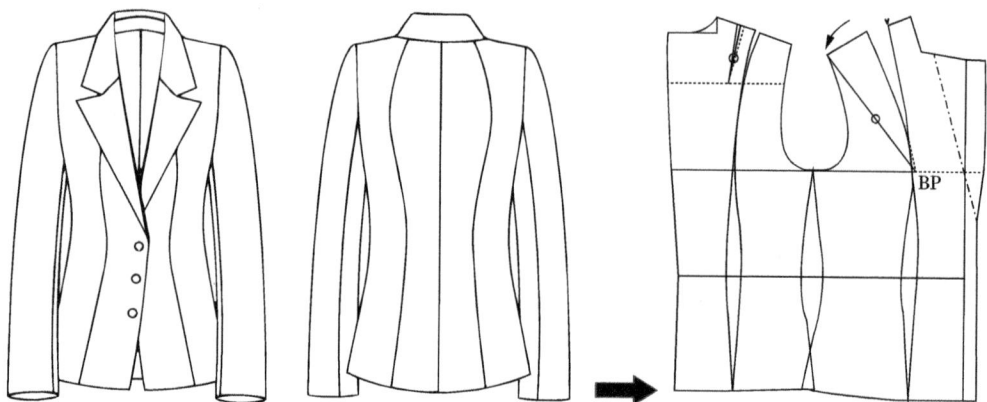

图6-9　肩胸省设计应用示意图

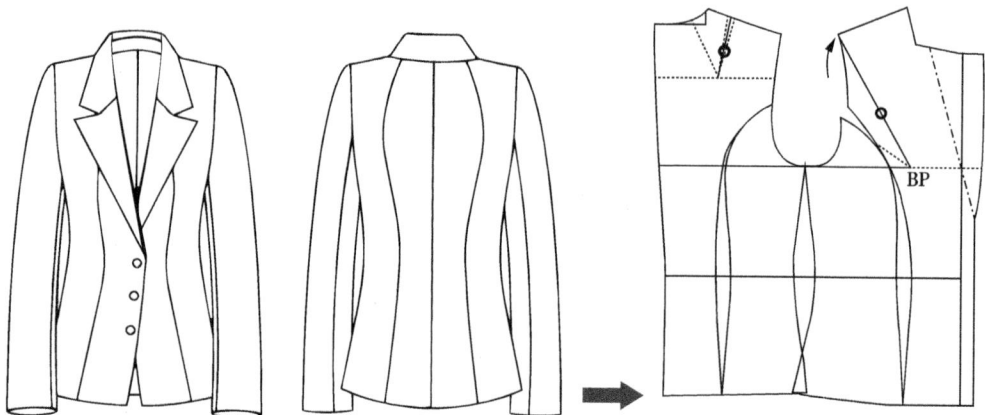

图6-10　袖胸省设计应用示意图

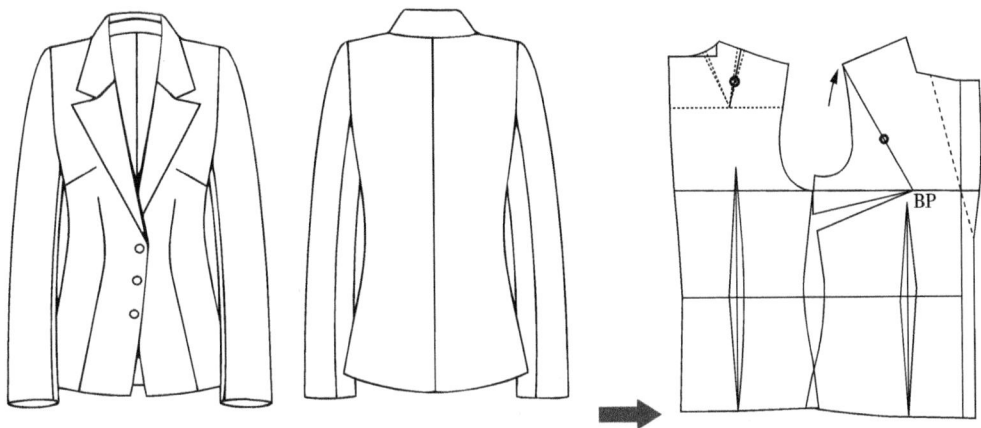

图6-11　侧胸省设计应用示意图

四、专业应知知识拓展

时尚女装胸省变化的方法大致分为角度转移法、纸样折叠转换法、纸型旋转移位法。

（1）角度转移法。即将角度转化成用两直角边的比值来确定肩斜度，既保证了角度确定的合理性，又使制图方法得到了简化。

（2）纸样折叠转换法。即在纸型上将设定的胸省位，向着胸高点的方向剪开，将纸型上有的省份折叠，剪开出就会自然张开。

（3）纸型旋转移位法。即以省尖压胸口高点（BP点）旋转纸型，旋转至纸型上原有省份合并，并在设定的省份上定位。

以上三种方法，各有优缺点，无论采用哪一种方法，最后的结果应该是一致的。

项目三　时尚女装结构设计示例之一

一、项目目标

（一）知识目标

理解时尚款式变化结构图的质量要求，掌握时尚款式变化结构图的技术要点和变化规律。

（二）能力目标

熟练绘制时尚款式变化结构图，掌握其绘制技能技巧和变化款的绘制。

（三）素质目标

在工作过程（或小组学习活动）中培养学生协作的能力和工匠精神，引导学生养成安全生产、节能降耗等法律意识，具备较强的责任意识，形成严谨的工作态度。

二、项目引入

每当换季的时候，女人的衣柜里总是少件衣服。两位女老师相约下班后逛街买衣服。廖老师喜购新衣一件，赶忙拿来供学生参观学习。

通过时尚女装结构设计示例学习可以让学生了解省的作用、形状及位置规律，使其更多把握时尚女装的结构变化。

三、项目实施

时尚女装示例一结构设计

1.认识时尚女装示例一

图6-12所示的款式是时尚女装示例一结构设计，连身立领结构，前翻驳领开关两用，领子翻折线上端起于立领上端，止点位于腰围线上方。首粒扣双排，末尾扣单排，

（a）正面图　　　　　　　　（b）背面图

图6-12　时尚女装示例一款式图

前中线底摆圆角，公主线自颈侧点沿领口向前折转，通过胸高点，S曲线造型至底摆，单嵌线袋口真口袋，口袋要实用。后背中线无缝，公主线自领口向下，通过肩胛骨，呈S曲线造型至底摆。圆装袖，合体一片袖结构，省道起于后袖窿。

2. 成品规格

时尚女装示例一规格尺寸，见表6-2。

表6-2　规格尺寸表　　　　　　　　　　　　　　　　单位：cm

号型	165/84A									
部位	后衣长	背长	前衣长	胸围	腰围	领围	肩宽	袖长	袖肥	袖口
规格	58	39	62.5	92	76	36	38	58	33	25

3. 时尚女装示例一的零部件结构

时尚女装示例一的零部件包括：前衣片2片，前侧片2片，后衣片1片，后侧片2片，过面2片，袖片2片，领贴1片。领底1片，翻领1篇，领座1片，袋盖4片，袋垫布2片，袋布4片。

4. 时尚女装示例一结构设计图（图6-13）

时尚女装示例一结构设计图包括：前衣片结构设计；后衣片结构设计；过面结构设计；袖片结构设计；领贴结构设计。

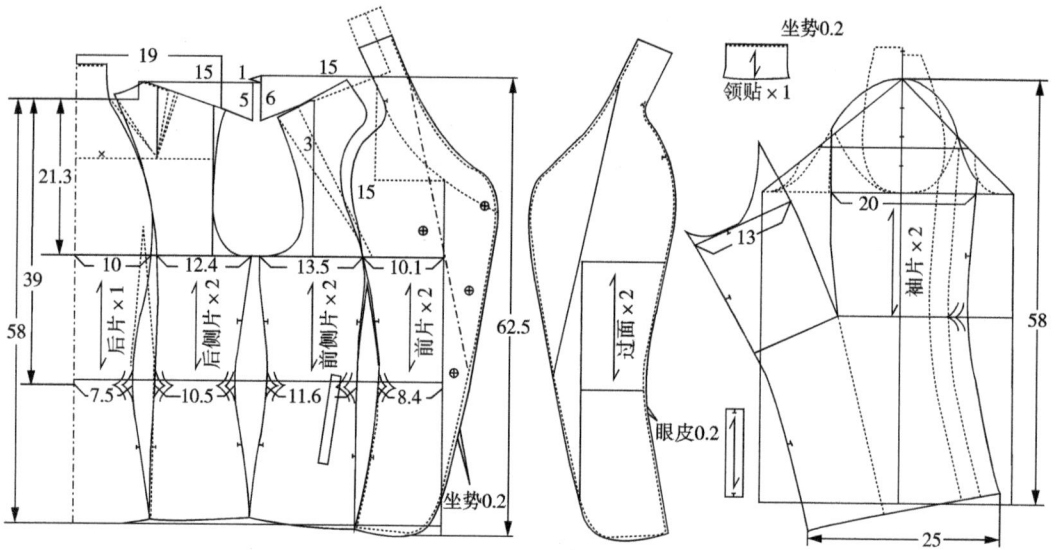

图6-13 时尚女装示例一结构设计图

5. 时尚女装示例一面料裁剪样板加缝、排料图（图6-14）

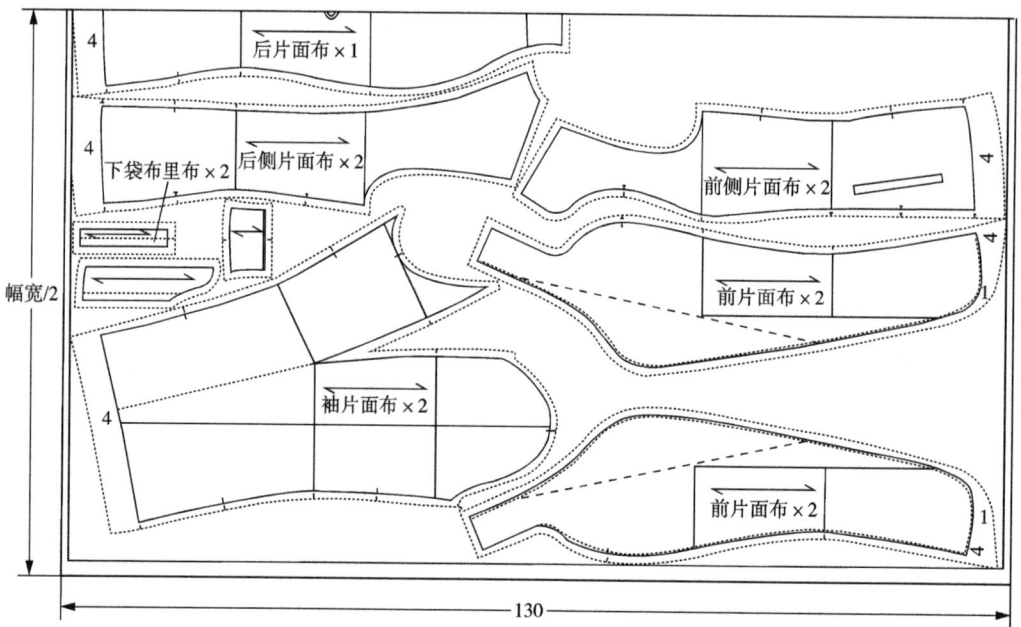

图6-14 时尚女装示例一面料样板加缝、排料图

6. 时尚女装示例一里料裁剪样板加缝、排料图（图6-15）

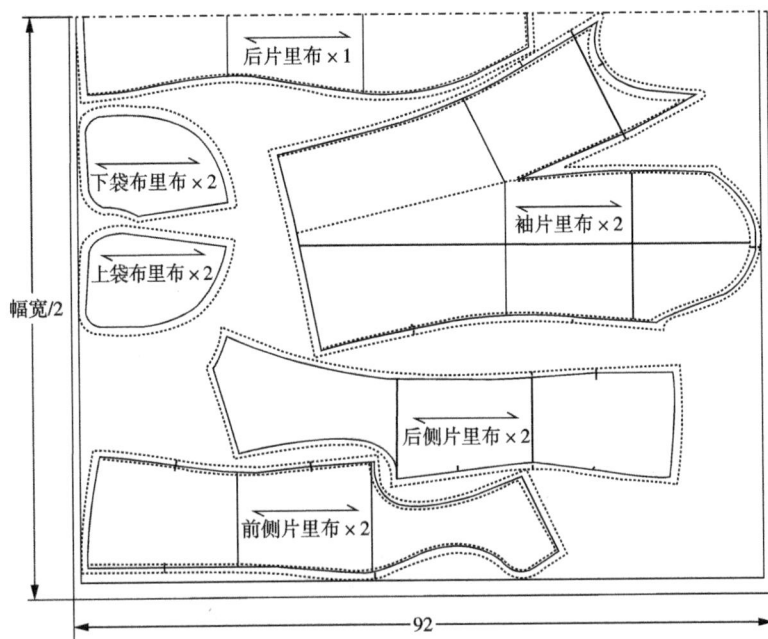

图6-15 时尚女装示例一里料样板加缝、排料图

7. 时尚女装示例一衬料样板加缝、排料图（图6-16）

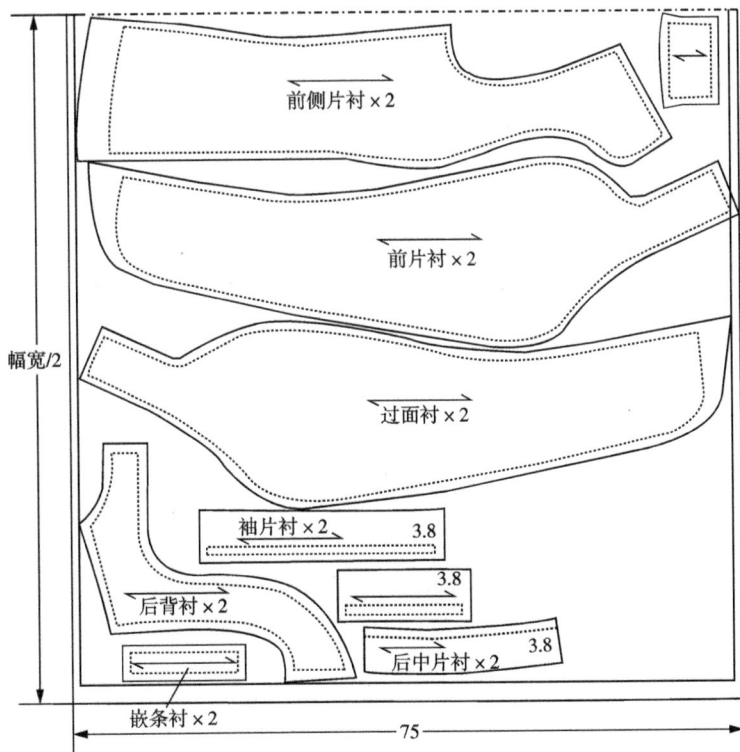

图6-16 时尚女装示例一衬料样板加缝、排料图

8. 时尚女装示例一部分工艺样板图（图6-17）

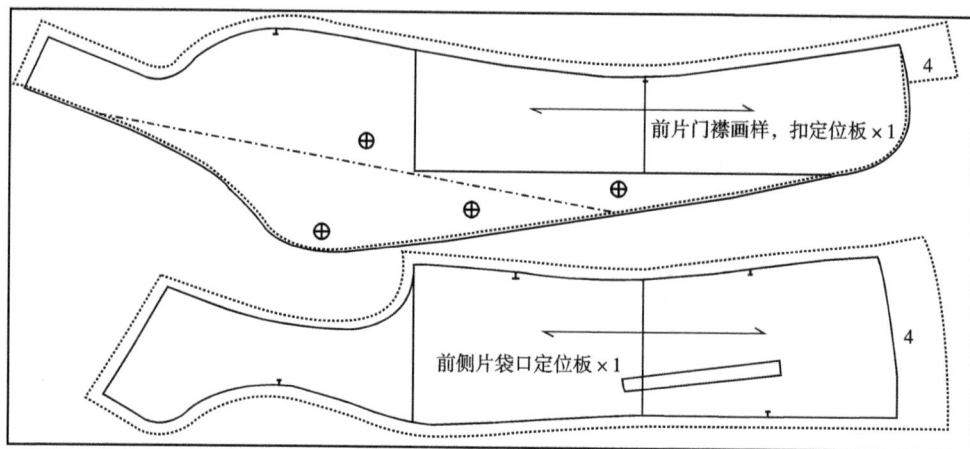

前片门襟画样，扣定位板×1

4

前侧片袋口定位板×1

4

图6-17　时尚女装示例一部分工艺样板图

专业应知知识拓展训练 ·····································

　　根据时尚女装示例一结构设计图的技术规格要求，绘制其他时尚女装变化款式结构图。

项目四　时尚女装结构设计示例之二

一、项目目标

（一）知识目标

理解时尚款式变化结构图的质量要求，掌握时尚款式变化结构图的技术要点和变化规律。

（二）能力目标

熟练绘制时尚款式变化结构图，掌握其绘制技能技巧和变化款的绘制。

（三）素质目标

在工作过程（或小组学习活动）中培养学生协作的能力和工匠精神，引导学生养成安全生产、节能降耗等法律意识，具备较强的责任意识，形成严谨的工作态度。

二、项目引入

服装专业学生开始顶岗实习了，恰逢校厂接到了一批女装订单，他们顿时兴奋起来，因为又可以学习新款式了！

三、项目实施

时尚女装示例二结构设计

1.认识时尚女装示例二

如图6-18所示的款式是时尚女装示例二结构设计，平驳头西装领，领面为分体翻领，领底为连体翻领。四开身，门襟一粒纽扣，尖角倒V形下摆，前片分割线自串口线内端，过胸高点至口袋前端，穿过双嵌线口袋至底摆。袋盖长距侧缝1cm，方袋盖。领下有省道，吸腰合体型。后背中缝直通底摆，后侧刀背线自袖窿起至底摆。泡泡袖，合

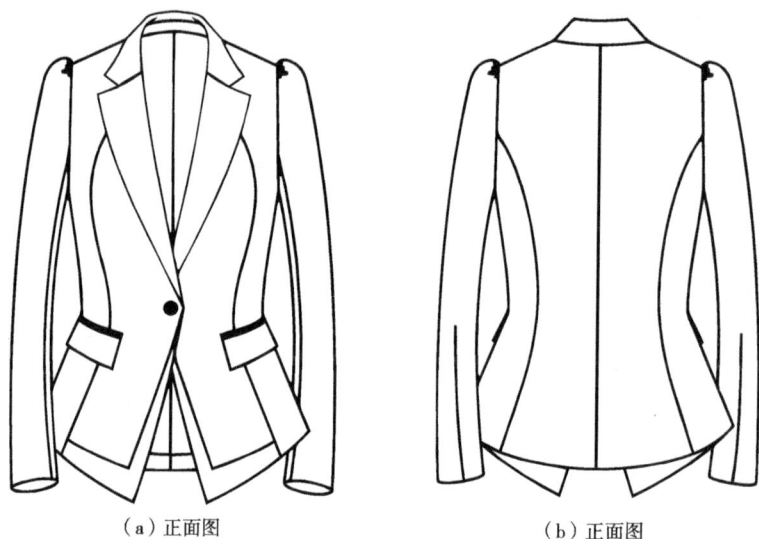

（a）正面图 　　　　　（b）正面图

图6-18　时尚女装示例二款式图

体一片结构，有袖肘省。

2. 成品规格（表6-3）

时尚女装示例二规格尺寸，见表6-3。

表6-3　规格尺寸表

单位：cm

号型	165/84A									
部位	后中长	背长	前衣长	胸围	腰围	肩宽	领围	袖长	袖肥	袖口
规格	56	38	64.5	92	76	36	38	60	33	26

3. 时尚女装示例二的零部件结构

时尚女装示例二的零部件包括：前衣片2片，前侧片2片，后衣片2片，后侧片2片，过面2片，袖片2片，领片2片，下部复层结构片2片。

4. 时尚女装示例二结构设计图（图6-19）

时尚女装示例二结构设计图包括：前衣片结构设计；后衣片结构设计；袖片结构设计；领片结构设计；过面结构设计；下部复层结构设计。

5. 时尚女装示例二面料裁剪样板加缝、排料图（图6-20）

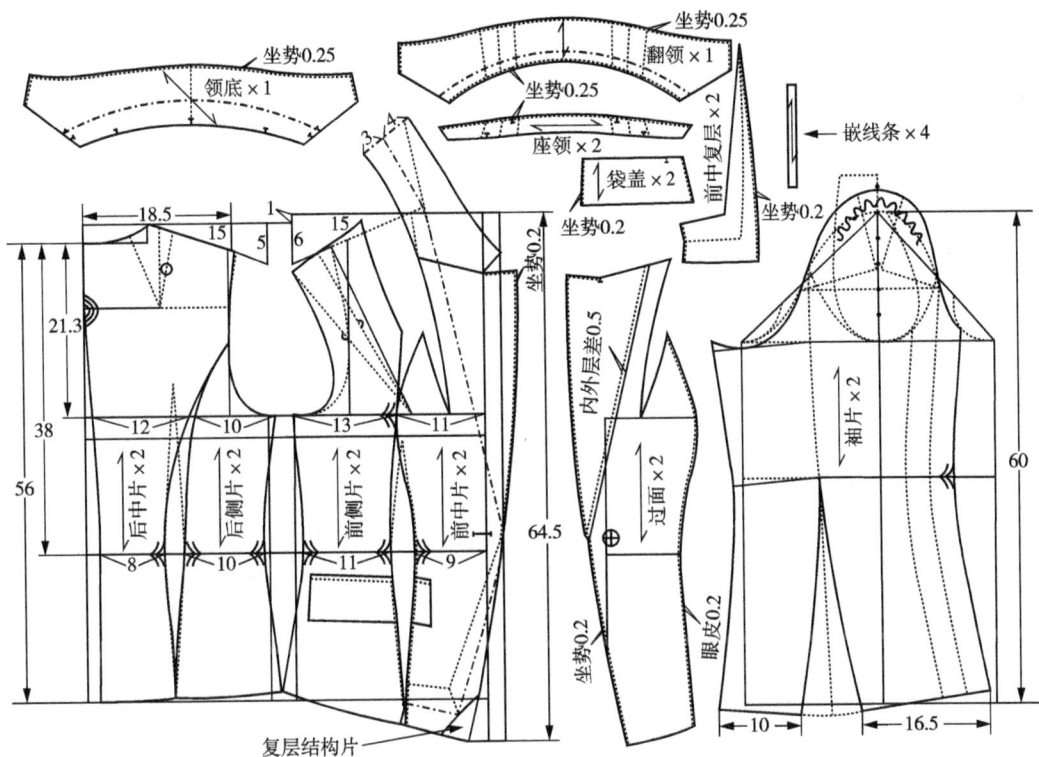

图6-19　时尚女装示例二结构设计图

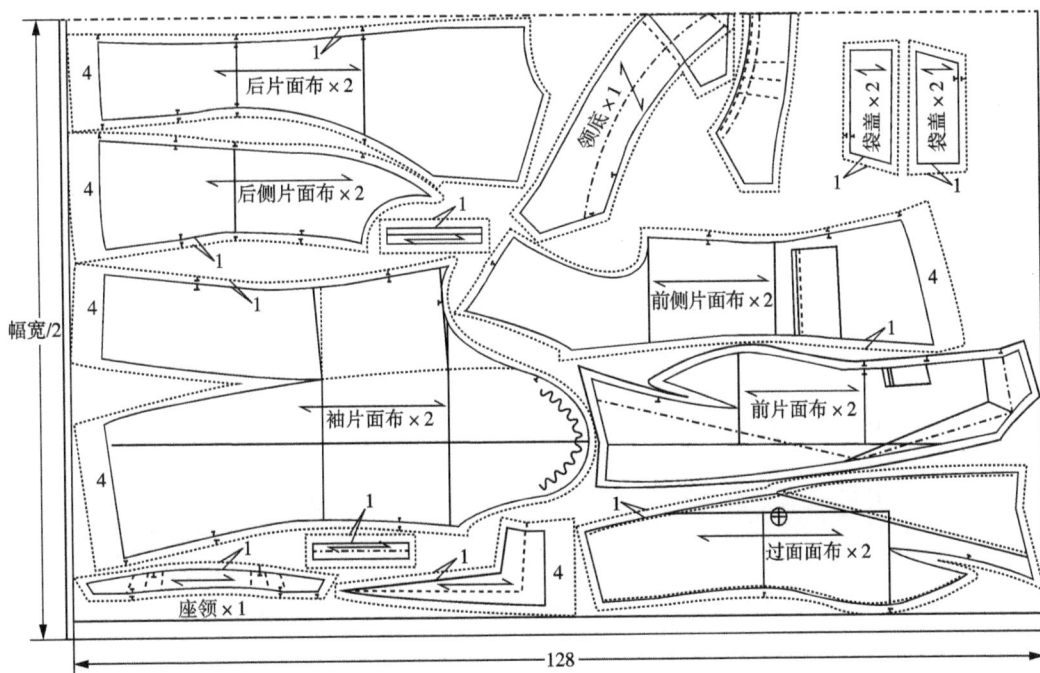

图6-20　时尚女装示例二面料裁剪样板加缝、排料图

6. 时尚女装示例二里料裁剪样板加缝、排料图（图6-21）

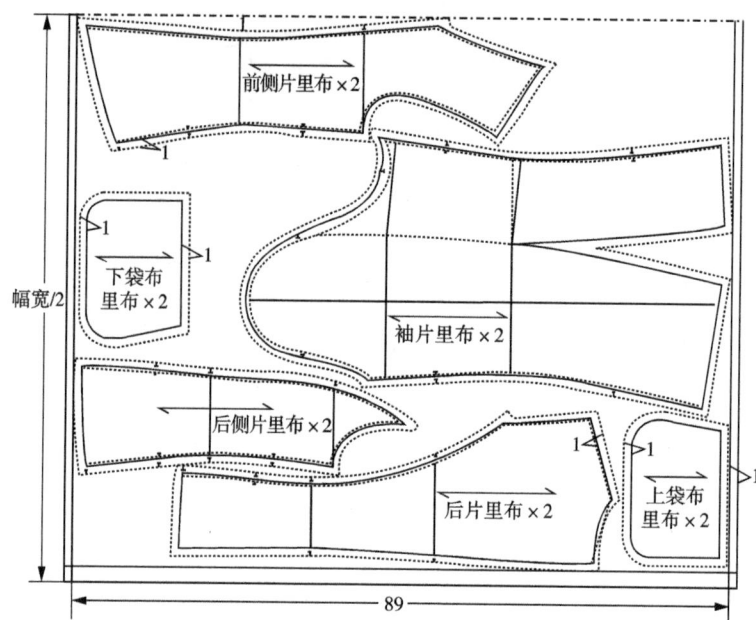

图6-21 时尚女装示例二里料裁剪样板加缝、排料图

7. 时尚女装示例二衬料裁剪样板加缝、排料图（图6-22）

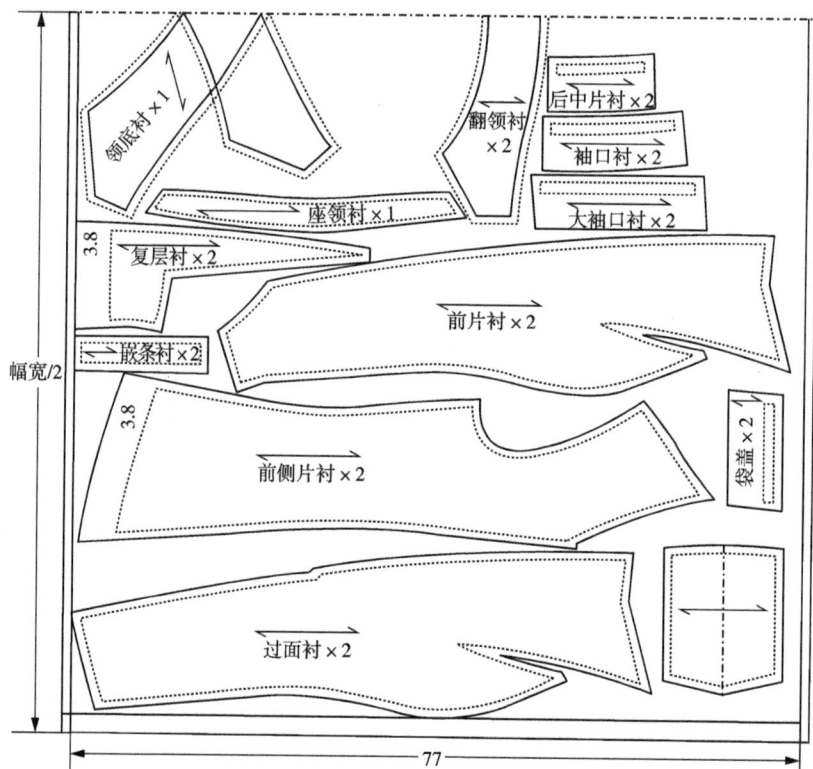

图6-22 时尚女装示例二衬料裁剪样板加缝、排料图

8. 时尚女装示例二部分工艺样板图（图6-23）

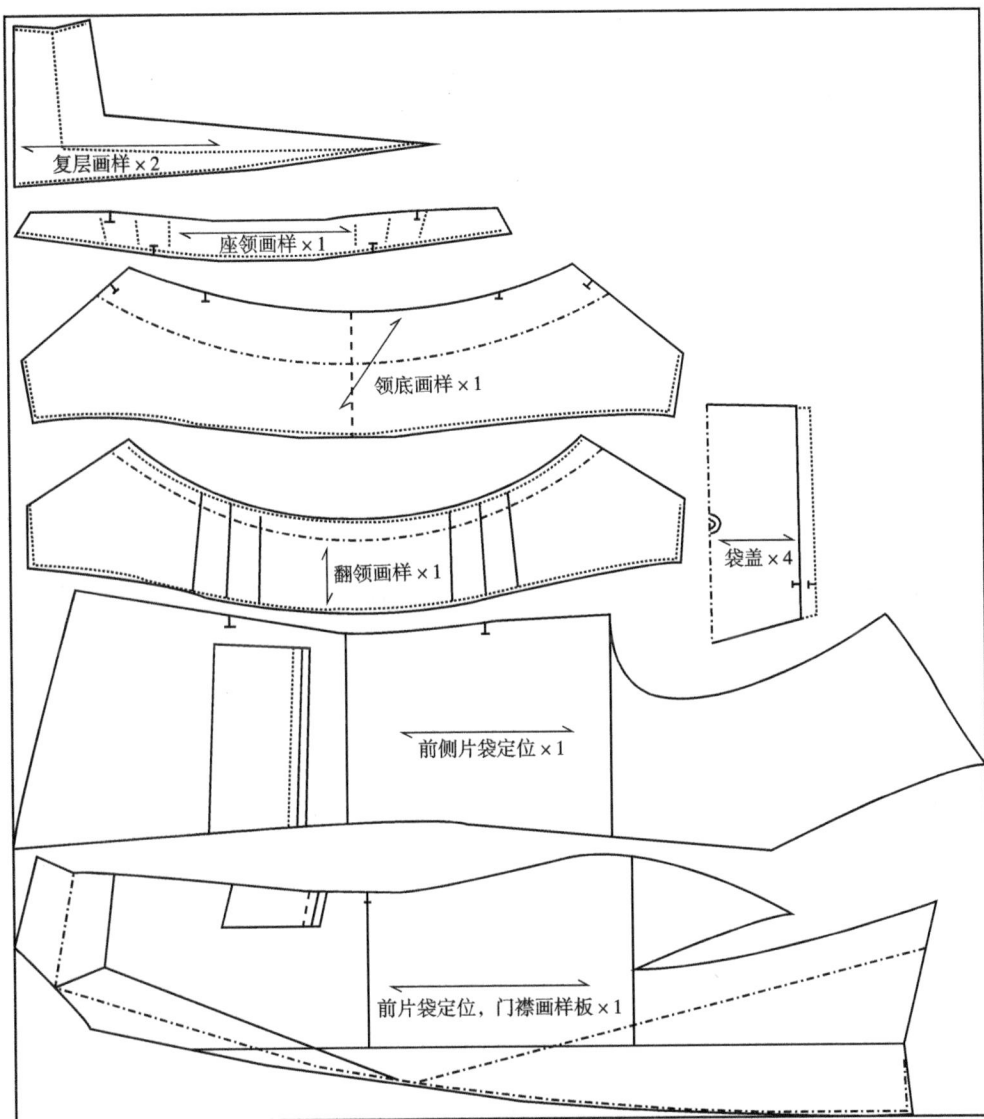

图6-23 时尚女装示例二部分工艺样板图

专业应知知识拓展训练 ••••••••••••••••••••••

根据时尚女装示例二结构设计图的技术规格要求，绘制其他时尚女装变化款式结构图。

项目五　时尚女装结构设计示例之三

一、项目目标

（一）知识目标

理解时尚款式变化结构图的质量要求，掌握时尚款式变化结构图的技术要点和变化规律。

（二）能力目标

熟练绘制时尚款式变化结构图，掌握其绘制技能技巧和变化款的绘制。

（三）素质目标

在工作过程（或小组学习活动）中培养学生协作的能力和工匠精神，引导学生养成安全生产、节能降耗等法律意识，具备较强的责任意识，形成严谨的工作态度。

二、项目引入

每年服装毕业设计暨模特大赛是本校的一大特色，学生积极性很高，从设计到选材，到裁剪制作，到最后模特的展示，内心充满了成就感。今年也不例外，有些学生设计好了款式，对结构设计却拿不准，找指导老师请教，老师仔细查看后，发现结构上存在着一些问题，于是进行了逐一指导。

三、项目实施

时尚女装示例三结构设计

1. 认识时尚女装示例三

图6-24所示款式为时尚女装示例三结构设计，戗头西装领，驳头小圆角，方领角，领面分体结构，领底一片。胸腰省道与腰腹省道串通，与前腰横向分割线呈丁字形状，

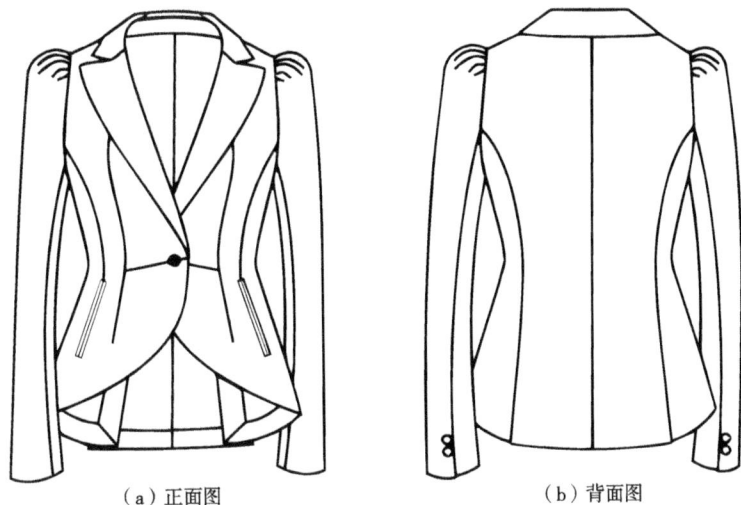

（a）正面图　　　　　　　　（b）背面图

图6-24　时尚女装示例三款式图

有领口省，一粒扣，腰横向分割线上留扣眼。刀背省由袖窿至腰部，下接纵向双嵌线袋口，真口袋，省尖止于前胯部，下摆边倒V形大圆摆。四开身结构，后背中缝直通底摆，刀背缝分割线下端与双开衩相连。衣袖两片袖，合体包肩圆头泡泡袖，袖开衩，2粒扣。

2. 成品规格

时尚女装示例三规格尺寸，见表6-4。

表6-4　规格尺寸表　　　　　　　　　单位：cm

号型	165/84A								
部位	后衣长	背长	胸围	腰围	肩宽	领围	袖长	袖肥	袖口
规格	60	39	92	74	34	38	61	34	25

3. 时尚女装示例三的零部件结构

时尚女装示例三的零部件有：前衣片2片，前上片2片，后衣片2片，后侧片2片，大、小袖片各2片，过面上片2片，过面下片2片。大袖片2片，小袖片2片，挂面上片2片，挂面下片2片，挂面上角2片，翻领面1片，座领1片，领底1片，前衣片底边贴边片2片，袋口嵌线条4片。

4. 时尚女装示例三结构设计图（图6-25）

时尚女装示例三结构设计图包括：前衣片结构设计；后衣片结构设计；袖片结构设计；领片结构设计；过面结构设计；衬料结构设计。

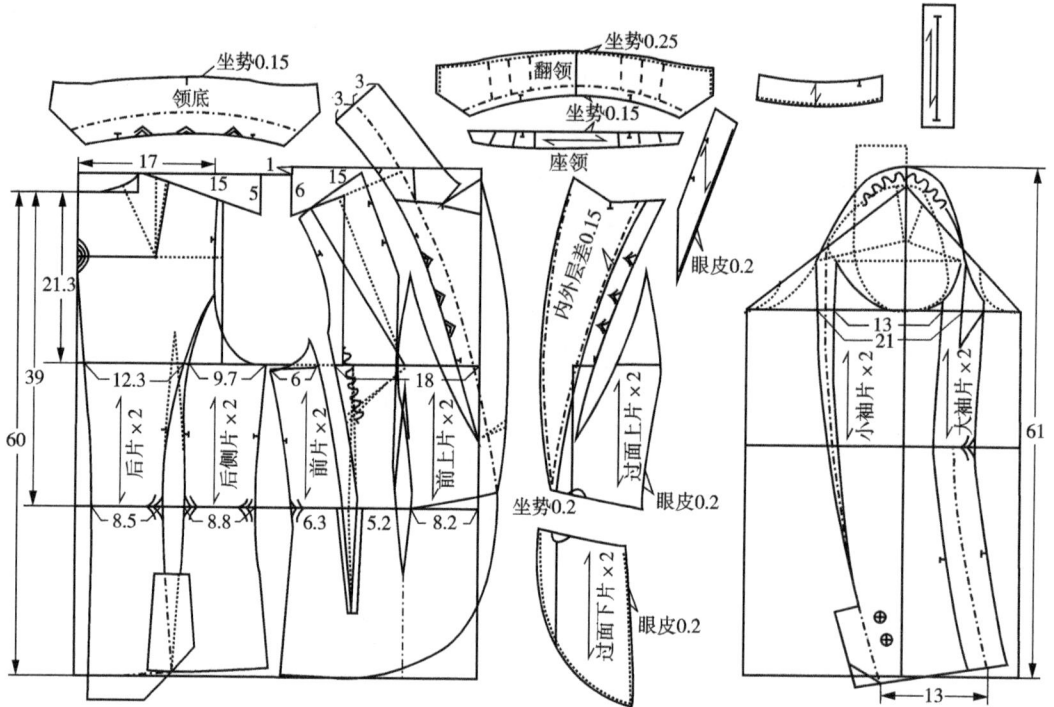

图6-25 时尚女装示例三结构设计图

5. 时尚女装示例三面料裁剪样板加缝、排料图（图6-26）

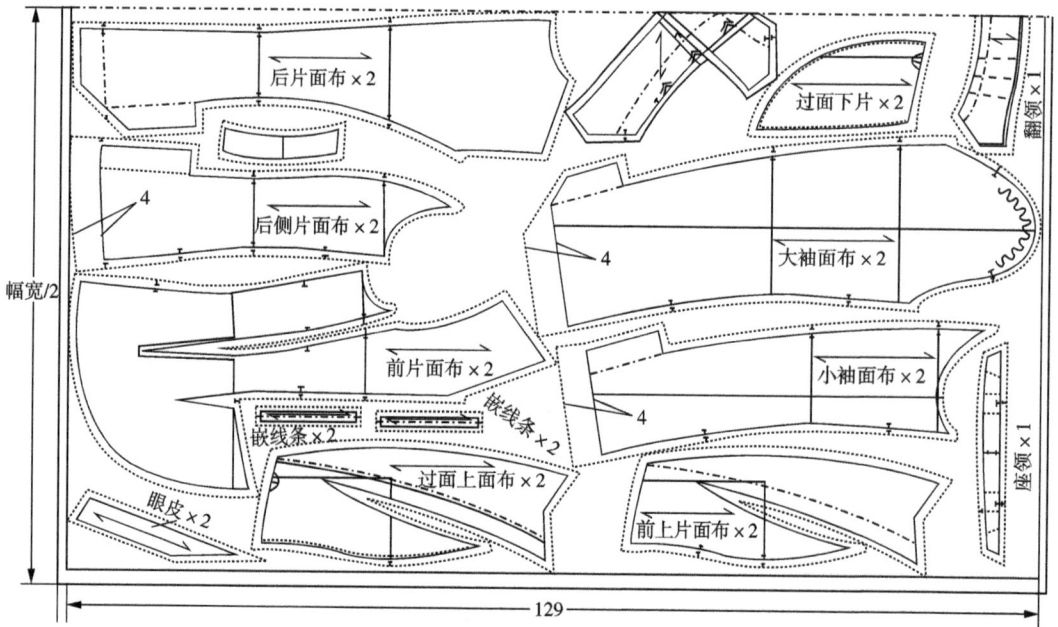

图6-26 时尚女装示例三面料裁剪样板加缝、排料图

6. 时尚女装示例三里料裁剪样板加缝、排料图（图6-27）

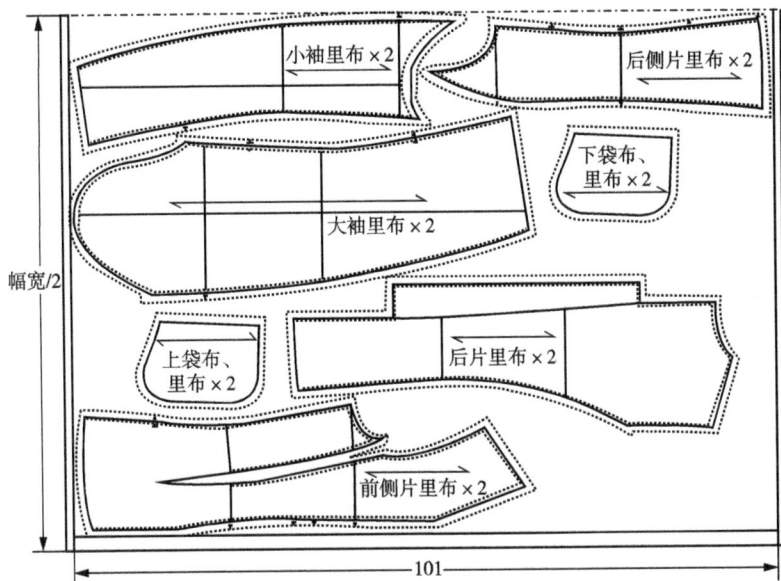

图6-27 时尚女装示例三里料裁剪样板加缝、排料图

7. 时尚女装示例三衬料裁剪样板加缝、排料图（图6-28）

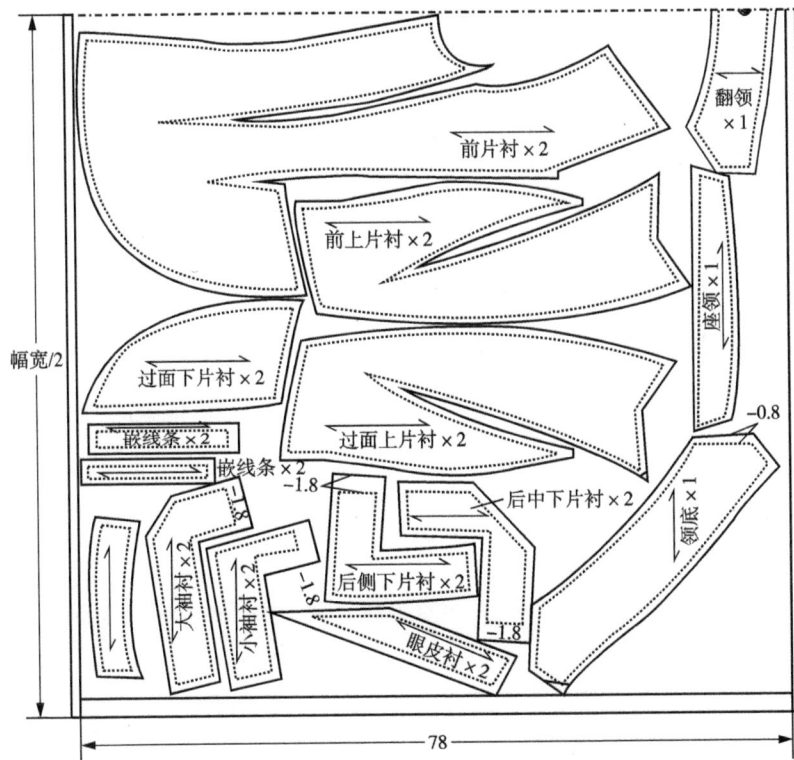

图6-28 时尚女装示例三衬料裁剪样板加缝、排料图

8.时尚女装示例三部分工艺样板图（图6-29）

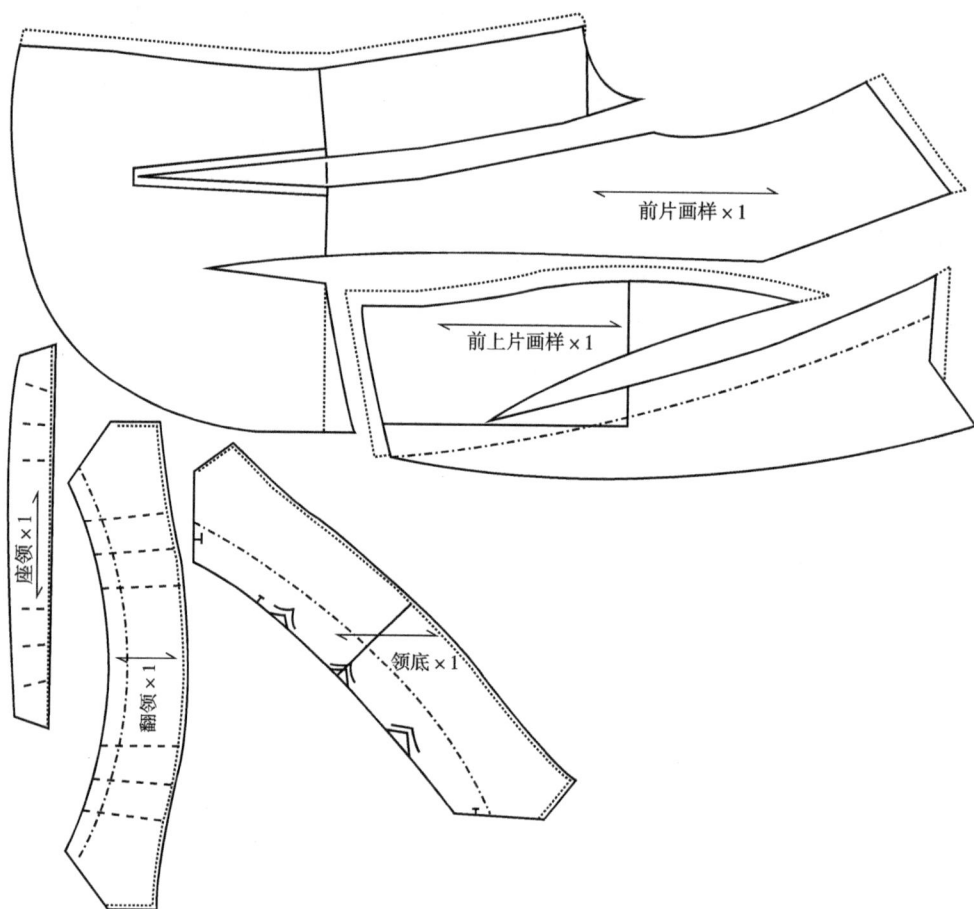

前片画样×1

前上片画样×1

座领×1

翻领×1

领底×1

图6-29　时尚女装示例三部分工艺样板图

专业应知知识拓展训练 •••••••••••••••••••••••••••••••••••

根据时尚女装示例三结构设计图的技术规格要求，绘制其他款式时尚女装结构图。

项目六 时尚女装结构设计示例之四

一、项目目标

（一）知识目标

理解时尚款式变化结构图的质量要求，掌握时尚款式变化结构图的技术要点和变化规律。

（二）能力目标

熟练绘制时尚款式变化结构图，掌握其绘制技能技巧和变化款的绘制。

（三）素质目标

在工作过程（或小组学习活动）中培养学生协作的能力和工匠精神，引导学生养成安全生产、节能降耗等法律意识，具备较强的责任意识，形成严谨的工作态度。

二、项目引入

张老师身上的新款式衣服，成为众人的焦点，大家都在争相询价问店，突然甘老师说了句，想要我们就自己做呗！瞬间掌声四起，大家一致通过请甘老师做样板设计。

三、项目实施

时尚女装示例四结构设计

1. 认识时尚女装示例四

图6-30所示的款式是时尚女装示例四结构设计，驳领，戗驳头，领底1片斜纱向。门襟一粒扣，小圆角下摆，前片刀背分割线自袖窿起至前腰袋盖边，前侧刀背缝与袋盖相连，小圆角袋盖，袋至侧盖实用口袋，领下设胸省。后腰背省道过腰线与后片褶裥贯通，小刀背缝自袖窿中部起通向腰线与袋盖后端相接。合体两片袖，袖口开衩，各一粒袖扣。

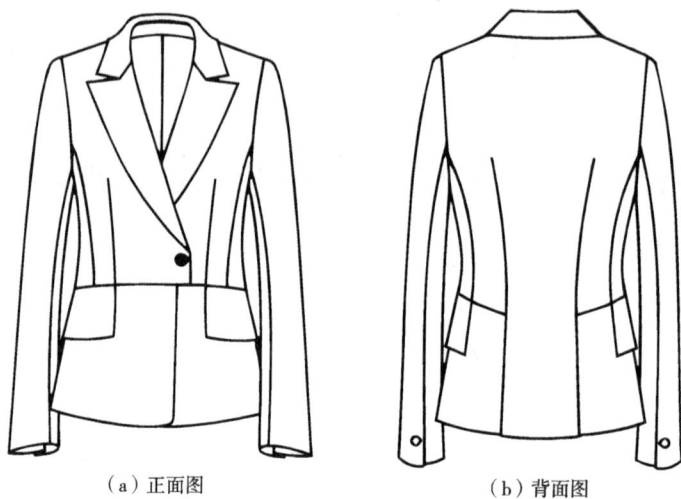

（a）正面图　　　　　　　（b）背面图

图6-30　时尚女装示例四款式图

2. 成品规格

时尚女装示例四尺寸规格，见表6-5。

表6-5　规格尺寸表　　　　　　　　单位：cm

号型	165/84A									
部位	后衣长	背长	前衣长	胸围	腰围	肩宽	领围	袖长	袖肥	袖口
规格	58	38	62.5	92	76	38	38	58	33	26

3. 时尚女装示例四的零部件结构

时尚女装示例四的零部件有：前衣片上片2片，前侧片上片2片，前衣片下片2片，后衣片2片，后侧片2片，后侧片下片2片，过面2片，大、小袖片各2片，领贴1片。

4. 时尚女装示例四结构设计图（图6-31）

时尚女装示例四结构设计图包括：前衣片结构设计；后衣片结构设计；领片结构设计；袖片结构设计；过面结构设计。

5. 时尚女装示例四面料裁剪样板加缝、排料图（图6-32）

6. 时尚女装示例四里料裁剪样板加缝、排料图（图6-33）

7. 时尚女装示例四衬料裁剪样板加缝、排料图（图6-34）

8. 时尚女装示例四部分工艺样板图（图6-35）

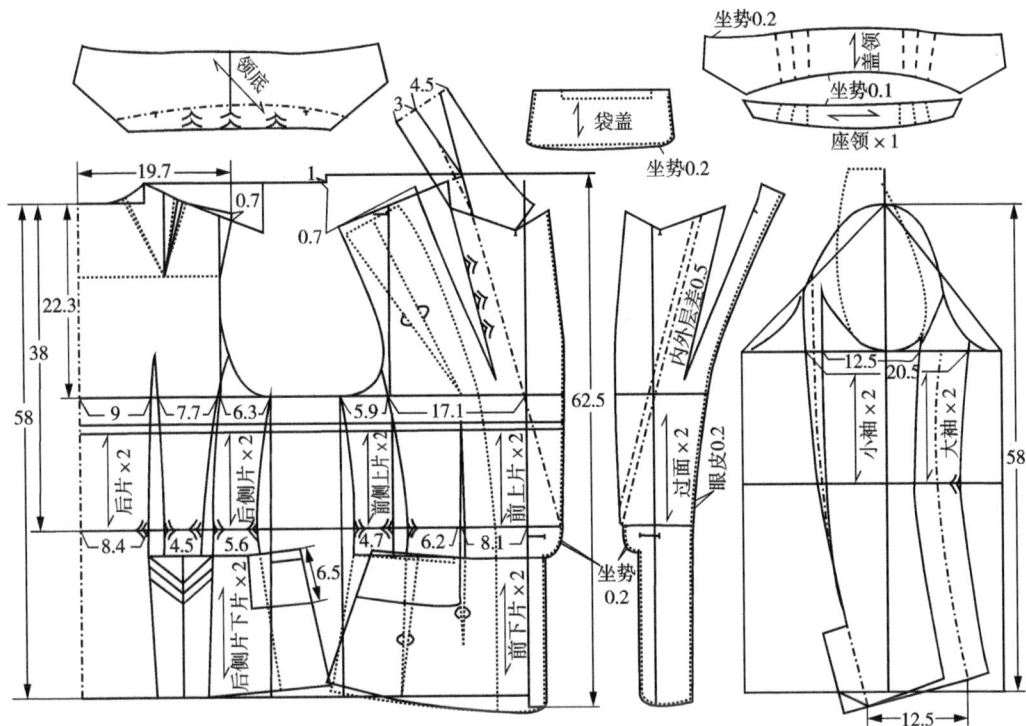

图6-31 时尚女装示例四结构设计图

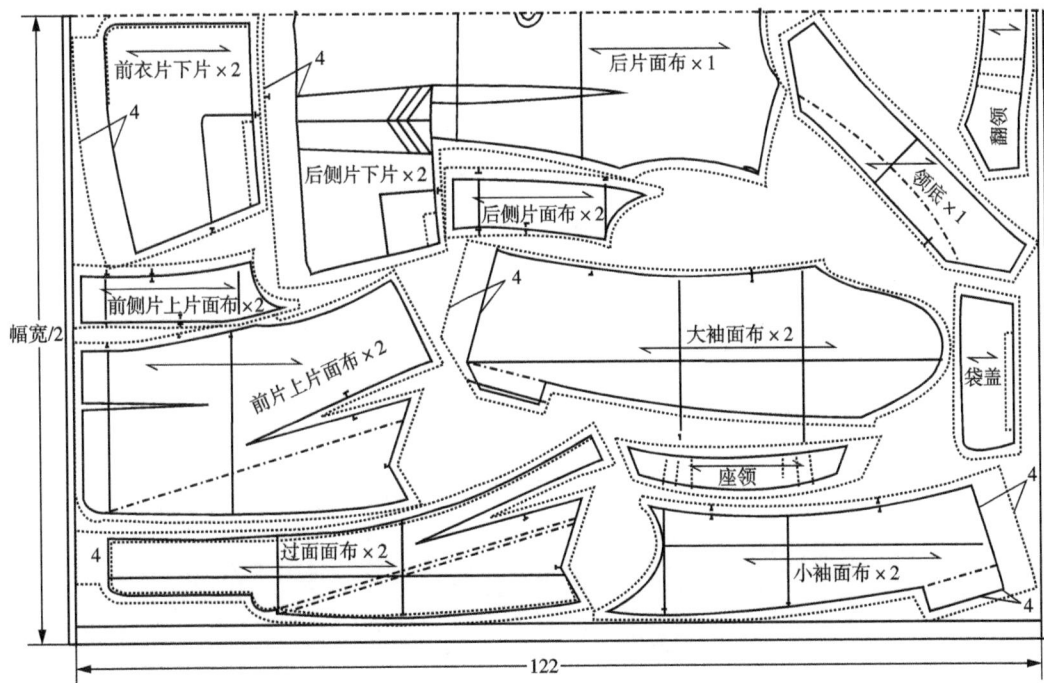

图6-32 时尚女装示例四面料裁剪样板加缝、排料图

后下片里布×1　　　后上片里布×1　　　前下片里布×2

幅宽/2

小袖里布×2

后侧片里布×2

前侧片里布×2

上袋布、里布

前上片里布×2

大袖里布×2

下袋布、里布×2

88

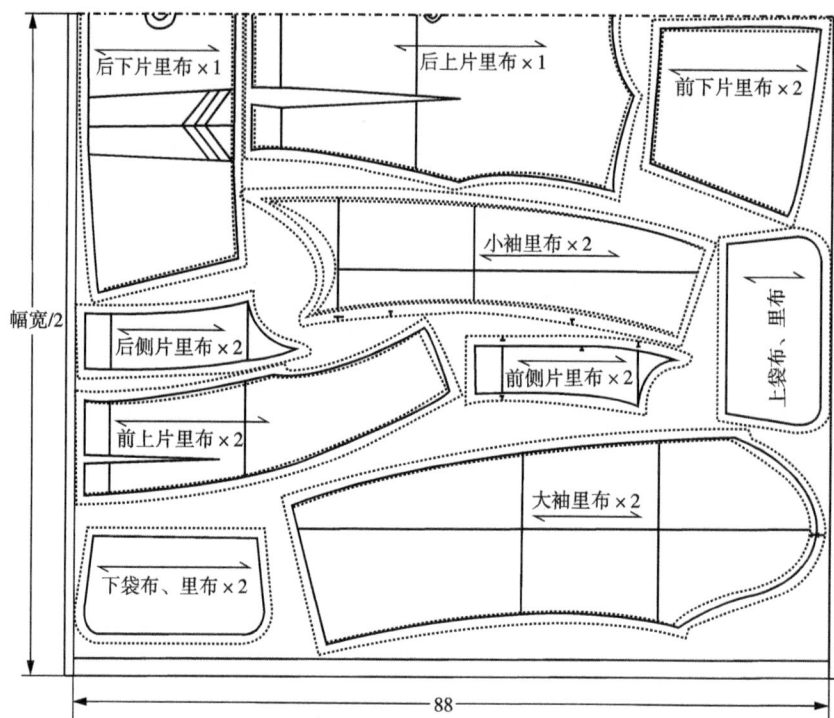

图6-33　时尚女装示例四里料样板加缝、排料图

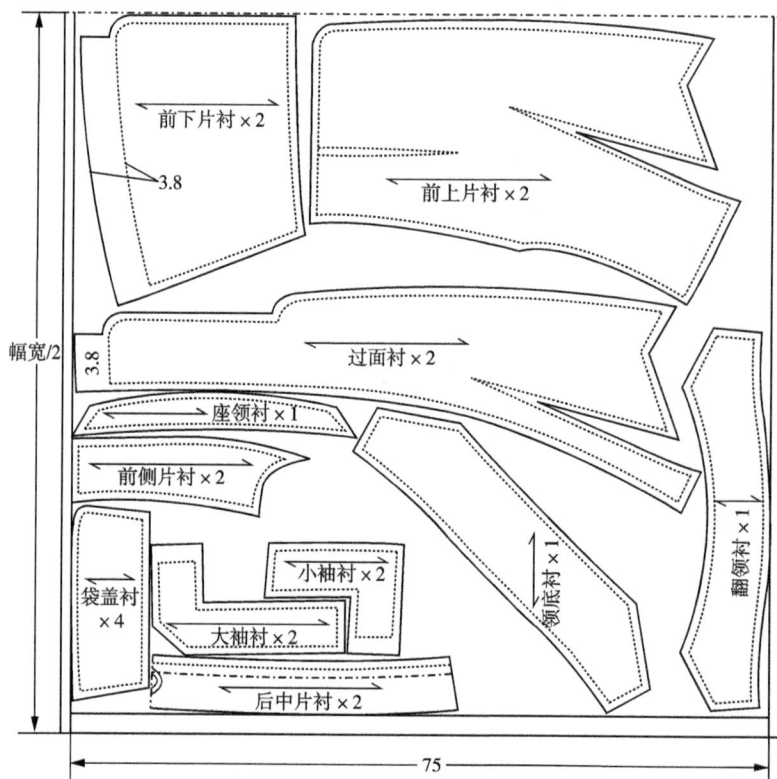

前下片衬×2

3.8

前上片衬×2

幅宽/2

3.8

过面衬×2

座领衬×1

前侧片衬×2

翻领衬×1

领底衬×1

袋盖衬
×4

小袖衬×2

大袖衬×2

后中片衬×2

75

图6-34　时尚女装示例四衬料裁剪样板加缝、排料图

后中片袋定位板×1

4

领底×1

翻领×1

袋盖×4

座领×1

4

前上片门襟画样×1

前下片门襟画样×1

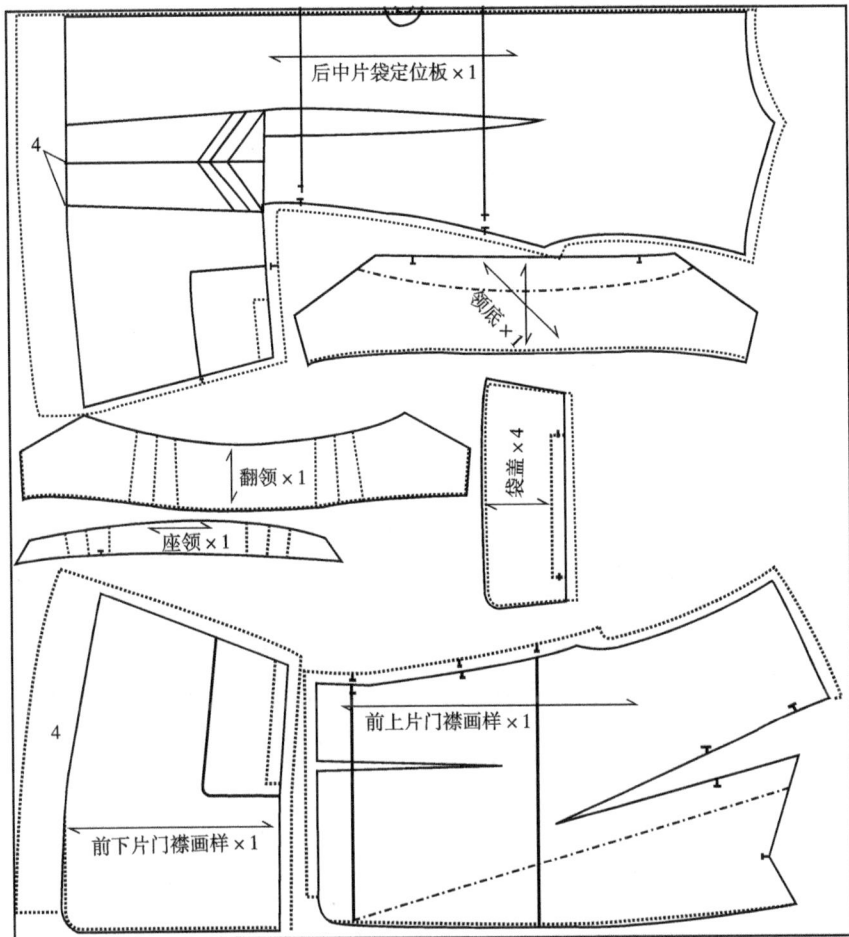

图6-35 时尚女装示例四部分工艺样板图

专业应知知识拓展训练 ••••••••••••••••••••••••••••••••••

根据时尚女装示例四结构设计图的技术规格要求，绘制其他款式时尚女装结构图。

参考文献

［1］孔庆，骆振楣. 服装结构制图［M］. 北京：高等教育出版社，2016.

［2］甘小平. 成衣制作［M］. 南京：江苏教育出版社，2014.

［3］徐雅琴. 服装结构制图［M］. 北京：高等教育出版社，2012.

［4］浙江省教育厅职成教教研室. 衬衫设计·制板·工艺［M］. 北京：高等教育出版社，2010.

［5］黄英，叶菁. 服装结构设计［M］. 北京：北京邮电大学出版社，2008.

［6］陈东生，甘应进. 新编服装生产工艺学［M］. 北京：中国轻工业出版社，2008.

［7］张文斌. 服装结构设计［M］. 北京：中国纺织出版社，2006.

［8］张明德. 服装缝制工艺［M］. 北京：高等教育出版社，2005.

附 录

服装制板师国家职业技能标准
（2019）

1. 职业概况

1.1 职业名称

服装制板师

1.2 职业编码

6—05—01—01

1.3 职业定义

使用测量、裁剪、人台等专用工具或计算机专用软件，制作服装板型或编写成型编织服装编织程序的人员。

1.4 职业技能等级

本职业共设四个等级，分别为:四级/中级工、三级/高级工、二级/技师、一级/高级技师。

1.5 职业环境条件

室内、常温。

1.6 职业能力特征

具有一定的判断、分析、模仿、学习和计算能力；具有较强的空间感和形体知觉；手指、手臂灵活，动作协调，无色盲、色弱。

1.7 普通受教育程度

初中毕业（或相当文化程度）。

1.8 职业技能鉴定要求

1.8.1 申报条件

具备以下条件者可报四级/中级工:

（1）取得相关职业五级/初级工职业资格证书（技能等级证书）后，累计从事本职业或相关职业工作4年（含4年）以上。

（2）累计从事本职业或相关职业工作6年（含6年）以上。

（3）取得技工学校本专业或相关专业毕业证书（含尚未取得毕业证书的在校应届毕

业生）；或取得经评估论证、以中级技能为培养目标的中等及以上职业学校本专业或相关专业毕业证书（含尚未取得毕业证书的在校应届毕业生）。

具备以下条件之一者，可申报三级/高级工：

（1）取得本职业或相关职业四级/中级工职业资格证书（技能等证书）后，累计从事本职业或相关职业工作5年（含5年）以上。

（2）取得本职业或相关职业四级/中级工职业资格证书（技能等级证书），并具有高级技工学校、技师学院毕业证书（含尚未取得毕业证书的在校应届毕业生）；或取得本职业或相关职业四级/中级工职业资格证书（技能等级证书），并具有经评估论证、以高级技能为培养目标的高等职业学校本专业或相关专业毕业证书（含尚未取得毕业证书的在校应届毕业生）。

（3）具有大专及以上本专业或相关专业毕业证书，并取得本职业或相关职业四级/中级工职业资格证书（技能等级证书）后，累计从事本职业或相关职业工作2年（含2年）以上。

具备以下条件之一者，可申报二级/技师：

（1）取得本职业或相关职业三级/高级工职业资格证书（技能等级证书）后，累计从事本职业或相关职业工作4年（含4年）以上。

（2）取得本职业或相关职业三级/高级工职业资格证书（技能等级证书）的高级技工学校、技师学院毕业生，累计从事本职业或相关职业工作3年（含3年）以上；或取得本职业或相关职业预备技师证书的技师学院毕业生，累计从事本职业或相关职业工作2年（含2年）以上。

具备以下条件者，可申报一级/高级技师：

取得本职业或相关职业二级/技师职业资格证书（技能等级证书）后，累计从事本职业或相关职业工作4年（含4年）以上。

1.8.2 鉴定方式

分为理论知识考试、技能考核以及综合评审。理论知识考试采用闭卷考试等方式，主要考核从业人员从事本职业应掌握的基本要求和相关知识要求；技能考核主要采用现场操作、模拟操作等方式进行，主要考核从业人员从事本职业应具备的技能水平；综合评审针对二级/技师、一级/高级技师，通常采取审阅申报材料、答辩等方式进行全面评议和审查。

理论知识考试、技能考核和综合评审均实行百分制，成绩皆达60分（含60分）以上者为合格。

1.8.3 监考人员、考评人员与考生配比

理论知识考试中的监考人员与考生配比不低于1：15，且每个考场不少于2名监考人

员；技能考核中的考评人员与考生配比不低于1∶5，且考评人员为3人（含3人）以上单数；综合评审委员为3人（含3人）以上单数。

1.8.4　鉴定时间

理论知识考试时间为90min；技能考核时间:四级/中级工不少于120min，三级/高级工不少于150min，二级/技师、一级/高级技师不少于180min，综合评审时间不少于30min。

1.8.5　鉴定场所设备

理论知识考试在标准教室进行；技能考核在具有计算机和相应软件、必要的测量工具、制图工具、裁剪工具和设备、缝制设备或针织织造设备及附件、制图设施、织物分析设备的场所进行。

2. 基本要求

2.1　职业道德

2.1.1　职业道德基本知识

2.1.2　职业守则

（1）遵纪守法，诚实守信。

（2）爱岗敬业，勇于创新。

（3）质量为本，效率为优。

（4）团结协作，文明生产。

2.2　基础知识

2.2.1　制板基础知识

（1）服装效果图、款式图的基础知识。

（2）服装制图和计算机操作的基础用语。

（3）针织基础知识。

2.2.2　成衣基础知识

（1）服装用原材料的基础知识。

（2）服装和人体尺寸的基础知识。

（3）服装工艺的基础知识。

（4）针织成型产品基础知识。

2.2.3　服装生产设备基础知识

（1）裁剪服装设备基础知识。

（2）成型服装设备基础知识。

2.2.4　相关法律、法规知识

（1）《中华人民共和国劳动法》相关知识。

（2）《中华人民共和国劳动合同法》相关知识。

（3）《中华人民共和国产品质量法》相关知识。

（4）《中华人民共和国安全生产法》相关知识。

（5）《中华人民共和国保密法》相关知识。

（6）《中华人民共和国著作权法》相关知识。

3. 工作要求

本标准对四级/中级工、三级/高级工、二级/技师、一级/高级技师的技能要求和相关知识依次递进，高级别涵盖低级别的要求。

3.1 四级/中级工

职业功能		工作内容	技能要求	相关知识要求
1. 产品款式分析	A	1.1 款式分析	1.1.1 能用文字描述裙子、裤子、T恤衫、衬衫等款式图的款式造型特点 1.1.2 能用文字描述裙子、裤子、T恤衫、衬衫等成品款式造型特点	1.1.1 裙子、裤子、T恤衫、衬衫等的款式图基本知识 1.1.2 裙子、裤子、T恤衫、衬衫等的造型基本知识
		1.2 材料分析	1.2.1 能通过识读工艺文件或分析样衣，确定裙子、裤子、T恤衫、衬衫等所用面辅料的品类 1.2.2 能通过识读工艺文件，识别面辅料正反面和布纹方向，确认缩率 1.2.3 能用文字表达面辅料的材料特点和性能	1.2.1 裙子、裤子、T恤衫、衬衫等常用面辅料基本知识 1.2.2 纺织纤维的基本性能知识 1.2.3 服装工艺文件的基本知识
		1.3 结构分析	1.3.1 能通过识读工艺文件或测量样衣，确定裙子、裤子、T恤衫、衬衫等的结构特点 1.3.2 能通过识读工艺文件或测量样衣，确定裙子、裤子、T恤衫、衬衫等的规格尺寸 1.3.3 能制订裙子、裤子、T恤衫、衬衫等的细节部位规格尺寸	1.3.1 裙子、裤子、T恤衫、衬衫等服装结构规格尺寸的基本知识 1.3.2 裙子、裤子、T恤衫、衬衫等服装尺寸测量基本知识
		1.4 工艺分析	1.4.1 能用文字描述裙子、裤子、T恤衫、衬衫等的缝型、线迹并简要说明工艺要点 1.4.2 能用文字表达裙子、裤子、T恤衫、衬衫缝制加工的特殊工艺	1.4.1 裙子、裤子、T恤衫、衬衫等的缝制加工工艺的基本知识 1.4.2 裙子、裤子、T恤衫、衬衫等的缝制加工的特殊工艺基本知识

续表

职业功能		工作内容	技能要求	相关知识要求
1. 产品款式分析	B	1.1　面料分析	1.1.1　能辨识纬平针、双反面、罗纹、浮线、集圈等纬编组织 1.1.2　能辨识3×3以内绞花及阿兰花等纬编移圈组织 1.1.3　能辨识纬编提花组织 1.1.4　能辨识纬编嵌花组织 1.1.5　能辨识底梳编链、贾卡同向薄组织、网孔组织等经编组织 1.1.6　能辨识出毛、棉、锦纶、包覆纱、合股纱等原料和同类别的纱线	1.1.1　纬平针、双反面、罗纹、浮线、集圈等纬编组织的结构特点和表示方式 1.1.2　绞花及阿兰花等纬编移圈组织的结构特点和表示方式 1.1.3　纬编提花组织的结构特点和表示方式 1.1.4　纬编嵌花组织的结构特点和表示方式 1.1.5　底梳编链、贾卡同向薄组织、网孔组织等经编组织的结构特点和表示方式 1.1.6　针织常用纱线种类判定方式
		1.2　成型产品分析	1.2.1　能辨识圆领、V领等背肩、平肩成型服装的板型并用文字表达其特点 1.2.2　能辨识无缝背心及短裤等成型服装的板型并用文字表达其特点 1.2.3　能分析并用文字表达纬平针等单面组织的收放针方式 1.2.4　能确认生产所需的机器类别	1.2.1　圆领、V领等背肩、平肩成型服装款式的基本知识 1.2.2　无缝背心及短裤等成型服装款式的基本知识 1.2.3　横机收放针方式的基本知识 1.2.4　成型服装设备常用类别的基本知识
2. 样板绘制和程序编制	A	2.1　结构图绘制	2.1.1　能识别和标注裙子、裤子、T恤衫、衬衫等样板的制图部位、线条名称、制图符号等 2.1.2　能通过识读款式图和规格尺寸参数，使用专用工具绘制裙子、裤子、T恤衫、衬衫等的结构图	2.1.1　裙子、裤子、T恤衫、衬衫结构图的基本知识 2.1.2　服装制图专业术语基本知识
		2.2　基础样板制作	2.2.1　能使用专用工具，在结构制图基础上确定放缝，绘制裙子、裤子、T恤衫、衬衫等的裁剪样板、工艺样板等基础样板 2.2.2　能使用专用工具，制作裙子、裤子、T恤衫、衬衫等的基础样板，并标注文字、符号、标记等	2.2.1　裙子、裤子、T恤衫、衬衫等的样板制作基本知识 2.2.2　样板放缝的基本知识

职业功能	工作内容		技能要求	相关知识要求
2. 样板绘制和程序编制	A	2.3 样板核验	2.3.1 能核验裙子、裤子、T恤衫、衬衫等的基础样板，识别线条轮廓中的错误并修正 2.3.2 能核验裙子、裤子、T恤衫、衬衫基础样板的数量、规格尺寸，识别错误并修正 2.3.3 能通过制作裙子、裤子、T恤衫、衬衫等的假缝坯样验证基础样板并修正	2.3.1 裙子、裤子、T恤衫、衬衫样板核验的基本知识 2.3.2 裙子、裤子、T恤衫、衬衫假缝工艺的基本知识
	B	2.1 花型程序绘制	2.1.1 能用专用软件制作纬平针、双反面、罗纹、浮线、集圈等纬编组织的样片程序 2.1.2 能用专用软件制作3×3以内绞花及阿兰花等纬编移圈组织的样片程序 2.1.3 能用专用软件制作纬编提花组织的样片程序 2.1.4 能用专用软件制作4把纱嘴内的纬编嵌花组织的样片程序 2.1.5 能用专用软件制作经编贾卡同向薄组织、网孔组织的样片程序	2.1.1 专用软件绘制纬平针、双反面、罗纹、浮线、集圈等纬编组织的方法 2.1.2 专用软件绘制3×3以内绞花及阿兰花等纬编移圈组织的方法 2.1.3 专用软件绘制纬编提花组织的方法 2.1.4 专用软件绘制4把纱嘴内的纬编嵌花组织的方法 2.1.5 专用软件绘制经编贾卡同向薄组织、网孔组织的方法
		2.2 成型制板	2.2.1 能根据工艺单使用专用软件制作带有纬平针、罗纹、移圈等花型的圆领、V领等背肩、平肩的成型服装制板程序 2.2.2 能根据工艺单使用专用软件制作无缝背心及短裤等成型服装的制板程序 2.2.3 能使用专用软件制作经编同向贾卡缝合、分离的成型服装制板程序	2.2.1 成型服装工艺单的基本知识 2.2.2 制作成型服装的基本知识
3. 系列样板制作	A	3.1 档差设置	3.1.1 能根据国家服装号型标准设置裙子、裤子、T恤衫、衬衫等系列样板的档差 3.1.2 能根据给定工艺文件要求设置裙子、裤子、T恤衫、衬衫等系列样板的档差	3.1.1 服装号型系列的基本知识 3.1.2 裙子、裤子、T恤衫、衬衫等系列样板档差计算的基本知识

续表

职业功能		工作内容	技能要求	相关知识要求
3. 系列样板制作	A	3.2　放码推板	3.2.1　能按档差要求，对裙子、裤子、T恤衫、衬衫等基础样板进行放缩，制作出系列样板 3.2.2　能在裙子、裤子、T恤衫、衬衫等系列样板上标注文字、符号、标记	3.2.1　裙子、裤子、T恤衫、衬衫等系列样板的组成 3.2.2　裙子、裤子、T恤衫、衬衫等放码推板的基本知识
	B	3.1　试样制作	3.1.1　能对织针、张力装置等机件和设置状态进行检查 3.1.2　能输入和设置速度、牵拉力、密度、送纱张力等上机工艺参数 3.1.3　能根据标识及纱线样品确认纱线线密度、批号、捻向等，并能进行穿纱等机台操作 3.1.4　能使用针织成型设备织出样片	3.1.1　针织成型设备结构及操作的基本知识 3.1.2　针织用纱线线密度等指标的基本知识
		3.2　质量控制	3.2.1　能根据工艺单核验成型服装制板程序 3.2.2　能用密度镜、直尺测量织物密度及下机尺寸 3.2.3　能根据坏针、漏针、断针、破洞等机件损坏和织物疵点情况调整制板的程序与编织工艺参数	3.2.1　织物密度及下机尺寸等测量的基本知识 3.2.2　织物断纱、破洞等常见疵点的基本知识

3.2　三级/高级工

职业功能		工作内容	技能要求	相关知识要求
1. 产品款式分析	A	1.1　款式分析	1.1.1　能根据给定的设计效果图、款式图、工艺文件等用文字描述旗袍、夹克衫等款式造型特点 1.1.2　能根据给定的样衣、实物图片，用文字描述旗袍、夹克衫等款式造型特点	1.1.1　旗袍、夹克衫等设计效果图、款式图基本知识 1.1.2　旗袍、夹克衫等造型基本知识
		1.2　材料分析	1.2.1　能通过简单实验或根据技术文件确认面辅料缩率、正反面、布纹方向等 1.2.2　能根据旗袍、夹克衫等常用面辅料样品，用文字表达材料质地、性能特点	1.2.1　服装面辅料基本知识 1.2.2　纺织纤维与纱线的基本知识

职业功能	工作内容		技能要求	相关知识要求
1.产品款式分析	A	1.3 结构分析	1.3.1 能根据给定的效果图、款式图、样衣、实物图片，确定旗袍、夹克衫等的结构特点 1.3.2 能根据给定的旗袍、夹克衫等的效果图、款式图、样衣、实物图片和服装号型，确定成品规格尺寸 1.3.3 能根据给定的旗袍、夹克衫等的效果图、款式图、样衣、实物图片和服装号型，确定细节部位规格尺寸	1.3.1 旗袍、夹克衫等服装规格尺寸的基本知识 1.3.2 旗袍、夹克衫等服装尺寸测量的基本知识
		1.4 工艺分析	1.4.1 能根据给定的旗袍、夹克衫等效果图、款式图、样衣、实物图片，用文字表达缝型、线迹、零部件等工艺概要并编制工艺流程图 1.4.2 能根据给定的旗袍、夹克衫等效果图、款式图、样衣、实物图片，用文字表达特殊工艺	1.4.1 旗袍、夹克衫等服装缝制加工工艺基本知识 1.4.2 工艺流程图编制的基本知识
	B	1.1 面料分析	1.1.1 能辨识毛圈、添纱、凸条等纬编组织 1.1.2 能辨识4×4及以上纬编绞花组织 1.1.3 能辨识纬编平针组织，分析平针规律 1.1.4 能辨识贾卡同向厚组织、厚缝合组织等经编组织	1.1.1 毛圈、添纱、凸条等纬编组织的结构特点和表示方式 1.1.2 平针组织的结构特点和表示方式 1.1.3 贾卡同向单底梳、双底梳等经编组织的结构特点和表示方式 1.1.4 贾卡同向厚组织、厚缝合组织等经编组织的结构特点和表示方式
		1.2 成型产品分析	1.2.1 能辨识T恤衫领、樽领等背肩、平肩、插肩的成型服装的板型并用文字表达其特点 1.2.2 能辨识无缝多色块、多原料、多组织、全毛圈等成型服装的板型并用文字表达其特点 1.2.3 能分析并用文字表达出四平、畦编、提花等产品的收放针方式 1.2.4 能分析出成型服装的缝合工艺	1.2.1 T恤领、樽领等背肩、平肩、插肩成型服装款式的基本知识 1.2.2 无缝多色块、多原料、多组织、全毛圈等成型服装款式的基本知识 1.2.3 缝合工艺的基本知识

续表

职业功能	工作内容		技能要求	相关知识要求
2.样板绘制和程序编制	A	2.1 基础样板制作	2.1.1 能根据服装设计要求确定长度测量位置和围度加放量 2.1.2 能根据给定的旗袍、夹克衫效果图、款式图、样衣、实物图片和服装号型，使用专用工具绘制结构图	2.1.1 旗袍、夹克衫围度加放量知识 2.1.2 旗袍、夹克衫结构图基本知识
		2.2 基础样板制作	2.2.1 能使用专用工具，在结构制图基础上确定放缝，绘制旗袍、夹克衫的裁剪样板、工艺样板等基础样板 2.2.2 能使用专用工具，制作旗袍、夹克衫等基础样板，并标注文字、符号、标记等	旗袍、夹克衫等基础样板制作知识
		2.3 样板核验	2.3.1 能根据给定的旗袍、夹克衫款式图和服装号型核验基础样板，识别错误并修正 2.3.2 能通过制作旗袍、夹克衫假缝坯样核验基础样板，识别错误并修正	2.3.1 旗袍、夹克衫样板核验的基本知识 2.3.2 旗袍、夹克衫假缝工艺的基本知识
	B	2.1 花型程序绘制	2.1.1 能用专用软件制作毛圈、添纱、凸条等纬编组织的样片程序 2.1.2 能用专用软件制作4×4以内绞花等纬编组织的样片程序 2.1.3 能用专用软件制作8把纱嘴内的纬编嵌花组织的样 2.1.4 能用专用软件制作纬编平针的样片 2.1.5 能用专用软件制作经编单底梳组织、双底梳组织的样片程序 2.1.6 能用专用软件制作经编贾卡同向厚组织、厚缝合组织的样片程序	2.1.1 专用软件绘制毛圈、添纱、凸条等纬编组织的方法 2.1.2 专用软件绘制4×4以内绞花纬编组织的方法 2.1.3 专用软件绘制8把纱嘴内的纬编嵌花组织的方法 2.1.4 专用软件绘制纬编平针 2.1.5 专用软件绘制经编单底梳组织、双底梳组织的方法 2.1.6 专用软件绘制经编贾卡同向厚组织、厚缝合组织的方法
		2.2 成型制板	2.2.1 能制作纬平针组织的圆领、V领等背肩、平肩成型服装工艺单 2.2.2 能根据工艺单使用专用软件制作T恤领、樽领等背肩、平肩、插肩的成型服装制板程序	2.2.1 成型服装工艺制作的基本知识 2.2.2 专用软件制作多色块、多原料、多组织、全毛圈等成型服装程序的方法

续表

职业功能	工作内容		技能要求	相关知识要求
2. 样板绘制和程序编制	B	2.2 成型制板	2.2.3 能根据工艺单使用专用软件制作多色块、多原料、多组织、全毛圈等成型服装的制板程序 2.2.4 能根据工艺单使用专用软件制作单扎口、双扎口等组织的成型服装制板程序 2.2.5 能制作经编贾卡同向有底成型服装的制板程序 2.2.6 能使用专用软件对花型组织的程序进行优化处理	2.2.3 专用软件对花型组织优化的方法 2.2.4 专用软件制作经编贾卡同向有底组织成型服装制板程序的方法
3. 系列样板制作	A	3.1 档差设置	3.1.1 能根据国家服装号型标准设置旗袍、夹克衫等系列样板的档差 3.1.2 能根据外贸工艺文件等非国标设置旗袍、夹克衫等系列样板的档差	旗袍、夹克等系列样板档差计算的基本知识
		3.2 放码推板	3.2.1 能按档差要求，对旗袍、夹克衫等的基础样板进行放缩，制作出系列样板 3.2.2 能在旗袍、夹克衫等系列样板上标注文字、符号、标记	3.2.1 旗袍、夹克衫等系列样板的组成 3.2.2 旗袍、夹克衫等放码推板的基本知识
		3.3 排料划样	3.3.1 能按产品号型系列组合进行手工排料和划样 3.3.2 能使用CAD专用软件，按产品号型系列组合进行排料和输出	3.3.1 服装排料的知识 3.3.2 服装CAD专用软件应用知识
	B	3.1 试样制作	3.1.1 能优化织机速度、牵拉力、密度等编织参数 3.1.2 能调整沉降片设置、机器回转距、电子送纱器等编织工作参数 3.1.3 能根据试样编织情况优化制板程序	针织成型设备的编织系统、送纱系统、牵拉系统工作原理
		3.2 质量控制	3.2.1 能根据参考样核验纬平针圆领、V领等背肩、平肩成型服装工艺单，发现错误进行修正 3.2.2 能根据参考样核验制板程序，发现错误进行修正	3.2.1 织物撞针、翻纱等疵点形成原因的基本知识 3.2.2 衣坯成品尺寸与下机尺寸的关系与控制方法

职业功能		工作内容	技能要求	相关知识要求
3. 系列样板制作	B	3.2　质量控制	3.2.3　能分析撞针、翻纱等机件损坏和织物疵点情况，调整制板的程序与编织工艺参数 3.2.4　能根据成品尺寸调整下机尺寸	

3.3　二级/技师

职业功能		工作内容	技能要求	相关知识要求
1. 产品款式分析	A	1.1　款式分析	1.1.1　能根据给定的男西服、女西服成衣图片或客户要求，用文字描述其款式造型特点 1.1.2　能根据给定的男西服、女西服成衣图片或客户要求，绘制款式图	1.1.1　男西服、女西服的款式图知识 1.1.2　男西服、女西服造型知识
		1.2　材料分析	1.2.1　能根据提供的面料样品、辅料样品，用文字表达男西服、女西服的材料特点 1.2.2　能根据男西服、女西服的工艺特点核算材料用量，并估算原料成本	1.2.1　男西服、女西服常用面辅料知识 1.2.2　男西服、女西服用料与成本核算知识
		1.3　结构分析	1.3.1　能根据成衣图片或客户要求，确定男西服、女西服的结构特点 1.3.2　能根据成衣图片或客户要求，设计男西服、女西服的成品规格尺寸 1.3.3　能根据给定的男西服、女西服的成衣图片或客户要求，制定细部规格尺寸	1.3.1　男西服、女西服服装规格尺寸知识 1.3.2　男西服、女西服服装尺寸测量知识
		1.4　工艺分析	1.4.1　能根据给定的男西服、女西服成衣图片或客户要求，用文字表达缝型、线迹、零部件等工艺概要 1.4.2　能根据给定的男西服、女西服成衣图片或客户要求，用文字表达特殊工艺	1.4.1　男西服、女西服服装缝制工艺知识 1.4.2　男西服、女西服服装特殊工艺知识

职业功能		工作内容	技能要求	相关知识要求
1. 产品款式分析	B	1.1 面料分析	1.1.1 能辨识各种纬编复合组织 1.1.2 能辨识局部编织等纬编组织 1.1.3 能辨识变针距纬编组织 1.1.4 能辨识有底和无底经编组织 1.1.5 能辨识贾卡同向无底厚补针组织和网孔补针经编组织	1.1.1 各种纬编复合组织的结构特点和表示方式 1.1.2 局部编织等纬编组织的结构特点和表示方式 1.1.3 纬编变针距组织的结构特点和表示方式 1.1.4 经编有底和无底组织的结构特点和表示方式
		1.2 成型产品分析	1.2.1 能确定不规则、双层组织结构款式的板型并用文字表达其特点 1.2.2 能判断产品设计稿的生产可行性 1.2.3 能估算出产品毛坯的成本	1.2.1 不规则、双层组织结构成型服装款式的种类、特点及表达方式等 1.2.2 成型服装毛坯生产成本核算的基本知识
2. 样板绘制和程序编制	A	2.1 结构图绘制	2.1.1 能根据男西服、女西服设计要求确定长度测量位置和围度加放量 2.1.2 能根据给定的男西服、女西服成衣图片或客户要求，使用专用工具绘制结构图	2.1.1 男西服、女西服围度加放量知识 2.1.2 男西服、女西服结构图知识
		2.2 基础样板制作	2.2.1 能使用专用工具，在结构制图基础上确定放缝，绘制男西服、女西服的裁剪样板、工艺样板等基础样板 2.2.2 能使用专用工具，制作男西服、女西服的基础样板，并标注文字、符号、标记等	男西服、女西服的基础样板绘制知识
		2.3 样板核验	2.3.1 能根据给定的男西服、女西服成衣图片或客户要求核验基础样板，识别错误并修改 2.3.2 能通过制作男西服、女西服假缝坯样核验基础样板，识别错误并修改	2.3.1 男西服、女西服样板核验的知识 2.3.2 男西服、女西服假缝工艺的知识
	B	2.1 花型程序绘制	2.1.1 能用专用软件制作6×6及以上绞花纬编组织的样片程序 2.1.2 能用专用软件制作14把纱嘴及以上的纬编嵌花类花型组织的样片程序	2.1.1 专用软件绘制6×6及以上绞花纬编组织的方法 2.1.2 专用软件绘制14把纱嘴及以上的纬编嵌花组织的方法

职业功能		工作内容	技能要求	相关知识要求
2. 样板绘制和程序编制	B	2.1 花型程序绘制	2.1.3 能用专用软件制作纬编局编组织的样片程序 2.1.4 能用专用软件制作纬编变针距组织的样片程序 2.1.5 能用专用软件制作纬编多扎口花型的组织程序 2.1.6 能用专用软件制作纬编扎口编织双层织物程序 2.1.7 能用专用软件制作经编贾卡同向有底、无底组织的样片程序 2.1.8 能用专用软件制作经纬编贾卡同向无底厚补针组织、网孔补针组织的样片程序	2.1.3 专用软件绘制纬编变针距组织的方法 2.1.4 专用软件绘制纬编多扎口花型组织的方法 2.1.5 专用软件绘制纬编扎口编织双层织物的方法 2.1.6 专用软件绘制经编有底和无底组织的方法
		2.2 成型制板	2.2.1 能制作T恤领、樽领等背肩、平肩、插肩的成型服装工艺单 2.2.2 能根据工艺要求使用专用软件制作不规则、双层款成型服装的制板程序 2.2.3 能根据工艺单使用专用软件制作变针距成型服装的制板程序 2.2.4 能根据工艺单使用专用软件制作多扎口成型服装的制板程序 2.2.5 能用专用软件制作经编贾卡同向有底、无底组织成型服装的制板程序 2.2.6 能根据产品档差进行放码，使用专用软件制作各码的制板程序	2.2.1 专用软件制作不规则、双层款式成型服装制板程序的方法 2.2.2 专用软件不规则、双层款式成型服装（包含各种花型）的收加针方法 2.2.3 专用软件制作变针距成型服装制板程序的方法 2.2.4 专用软件制作贾卡同向有底、无底组织成型服装制板程序的方法 2.2.5 成型服装成品号型系列的基本知识 2.2.6 成型服装产品推档的基本知识
3. 系列样板制作	A	3.1 放码推板	3.1.1 能按档差要求，对男西服、女西服的基础样板进行放缩，制作出系列样板 3.1.2 能在男西服、女西服成衣图片或客户要求及档差，核验系列样板	3.1.1 男西服、女西服的系列样板组成 3.1.2 男西服、女西服的放码推板知识
		3.2 排料划样	3.2.1 能按既定的面料正反面、布纹方向、对条对格要求等进行排料划样 3.2.2 能对排料划样方案进行调整，提高面料利用率	3.2.1 特殊面料排料知识 3.2.2 提高面料利用率方法的相关知识

职业功能	工作内容		技能要求	相关知识要求
3. 系列样板制作	B	3.1 试样制作	3.1.1 能根据所编织原料和织物组织确定机器参数 3.1.2 能根据机器特征优化制作程序 3.1.3 能辨识出常规纱线的线密度 3.1.4 能根据纱线的编织性能进行制板参数的调整	纱线及其编织性能基本知识
		3.2 质量控制	3.2.1 能根据款式图、技术要求等核验T恤领、樽领等背肩、平肩、插肩的成型服装工艺单，发现错误并进行修正 3.2.2 能根据款式图、技术要求等核验制板程序 3.2.3 能根据下机产品质量对制板程序进行综合评定	制板程序与成型服装质量关系的基本知识
4. 技术管理与培训	A	4.1 技术管理	4.1.1 能对样板资料进行归类、建档和管理 4.1.2 能指导服装制板人员的制板工作	技术档案管理知识
		4.2 指导培训	4.2.1 能制作培训课件 4.2.2 能组织开展培训	4.2.1 培训教材编写的相关知识 4.2.2 课程组织和口头表达
	B	4.1 技术管理	4.1.1 能制订产品设计方案 4.1.2 能对技术档案进行分类管理	4.1.1 产品设计方案制订的基本知识 4.1.2 技术档案分类管理的基本知识
		4.2 指导培训	4.2.1 能对四级/中级工、三级/高级工，进行业务培训和现场指导 4.2.2 能编制1～2个培训模块教程	4.2.1 培训教材编写的基本知识 4.2.2 课程组织和口头表达技能的基本知识

3.4 一级/高级技师

职业技能	工作内容		技能要求	相关知识要求
1. 产品款式分析	A	1.1 款式分析	1.1.1 能根据给定的男礼服、女礼服的效果图和设计要求，用文字表达风格及款式造型特点 1.1.2 能根据给定的男礼服、女礼服效果图和设计要求，绘制款式图	1.1.1 男礼服、女礼服的款式图知识 1.1.2 男礼服、女礼服的造型知识

续表

职业技能	工作内容		技能要求	相关知识要求
1. 产品款式分析	A	1.2 材料分析	1.2.1 能根据提供的男礼服、女礼服的效果图以及面辅料样品，用文字表达材料特点 1.2.2 能根据给定的男礼服、女礼服的效果图及设计的成品尺寸和工艺特点，核算材料用量 1.2.3 能根据效果图和设计要求选择面料、辅料，并提供配伍方案	1.2.1 服装面辅料配伍和应用知识 1.2.2 男礼服、女礼服用料与成本核算知识
		1.3 结构分析	1.3.1 能够根据给定的效果图，确定男礼服、女礼服的结构特点 1.3.2 能根据男礼服、女礼服的效果图风格特点和设计要求，设计成品规格尺寸 1.3.3 能根据男礼服、女礼服的效果图风格特点和设计要求，制定细部规格尺寸 1.3.4 能根据给定的效果图，指导男礼服、女礼服的服装结构设计	1.3.1 男礼服、女礼服服装规格尺寸知识 1.3.2 男礼服、女礼服服装尺寸测量知识
		1.4 工艺分析	1.4.1 能根据给定的男礼服、女礼服的效果图和设计要求，用文字表达缝型、线迹、零部件等工艺概要 1.4.2 能根据给定的男礼服、女礼服的效果图和设计要求，用文字表达特殊工艺 1.4.3 能根据给定的效果图，指导男礼服、女礼服的服装工艺设计	1.4.1 男礼服、女礼服服装缝制工艺知识 1.4.2 男礼服、女礼服服装特殊工艺知识
	B	1.1 面料分析	1.1.1 能辨识和区分出外观特征相似的纬编和经编织物 1.1.2 能辨识贾卡无底反向薄组织与网孔经编组织 1.1.3 能根据设计师的成品效果图或图片分析确认所采用的组织结构	1.1.1 经编面料与纬编面料的结构特点与鉴别方法 1.1.2 花型图案设计的基本知识
		1.2 成型产品分析	1.2.1 能根据设计师的服装效果图进行工艺分析，并用文字表达其特点，绘制平面款式图 1.2.2 能分析成型服装的结构与工艺 1.2.3 能对产品设计生产提出改进意见	1.2.1 成型服装设计的基本知识 1.2.2 成型服装款式制图的基本知识 1.2.3 成型服装的结构特点和工艺

职业技能	工作内容		技能要求	相关知识要求
2. 样板绘制和程序编制	A	2.1 结构图绘制	能根据给定的男礼服、女礼服的效果图和客户要求，使用专用工具绘制结构图或立裁制作结构图	2.1.1 男礼服、女礼服围度加放量知识 2.1.2 男礼服、女礼服结构图知识 2.1.3 立体裁剪知识
		2.2 基础样板制作	2.2.1 能使用专用工具，在结构制图基础上确定放缝，绘制男礼服、女礼服的裁剪样板、工艺样板等基础样板 2.2.2 能使用专用工具，制作男礼服、女礼服的基础样板，并标注文字、符号、标记等	男礼服、女礼服的基础样板绘制知识
		2.3 样板核验	2.3.1 能根据给定的男礼服、女礼服的效果图和客户要求核验基础样板，识别错误并修改 2.3.2 能通过制作男礼服、女礼服的假缝坯样核验基础样板，识别错误并修改	2.3.1 男礼服、女礼服的样板核验知识 2.3.2 男礼服、女礼服假缝工艺的知识
	B	2.1 花型程序绘制	2.1.1 能根据设计师的服装效果图制作出花型的样片程序 2.1.2 能用专用软件绘制纬编复合组织的样片程序 2.1.3 能用专用软件制作变化密度的花型图 2.1.4 能用专用软件制作经编贾卡无底反向薄组织、网孔组织的样片程序	2.1.1 专用软件绘制纬编复合组织的方法 2.1.2 专用软件绘制变化密度花型组织的方法 2.1.3 专用软件绘制贾卡无底反向组织的方法
		2.2 成型制板	2.2.1 能根据设计师效果图编制服装工艺单和制板程序 2.2.2 能用专用软件制作变化密度成型服装的制板程序 2.2.3 能用专用软件制作经编贾卡无底反向组织成型服装的制板程序	2.2.1 成型服装工艺设计的基本知识 2.2.2 专用软件绘制变化密度成型服装的方法
3. 系列样板制作	A	3.1 放码推板	3.1.1 能按档差要求，对男礼服、女礼服的基础样板进行放缩，制作出系列样板 3.1.2 能在男礼服、女礼服系列样板上标注文字、符号、标记	3.1.1 男礼服、女礼服的系列样板组成 3.1.2 男礼服、女礼服的放码推板知识

续表

职业技能	工作内容		技能要求	相关知识要求
3. 系列样板制作	A	3.1 放码推板	3.1.3 能根据给定的男礼服、女礼服的效果图和设计要求及档差，核验系列样板	
		3.2 排料划样	3.2.1 能指导排料方案设计 3.2.2 能指导铺料、裁剪工作	3.2.1 服装排料方案设计知识 3.2.2 铺料、裁剪方案设计知识
	B	3.1 试样制作	3.1.1 能根据产品的结构和性能要求选择编织原料 3.1.2 能根据产品的特性选择机器编织参数	新材料、新工艺的相关知识
		3.2 投师控制	3.2.1 能根据设计师效果图核验工艺单和制板程序 3.2.2 能对质量问题制定制板改进方案 3.2.3 能判断和区分原料、织造、染整、定型各生产环节产生的疵点，并提出解决方案	3.2.1 质量改进实施方案的基本知识 3.2.2 成型服装生产工艺流程及各生产环节对产品质量影响的基本知识
4. 技术管理与培训	A	4.1 技术管理	4.1.1 能审核下级服装制板人员的制板质量，解决服装制板过程中存在的疑难技术问题 4.1.2 能提出服装结构设计优化方案 4.1.3 能提出生产工艺改进意见	4.1.1 服装制板与服装工艺知识 4.1.2 服装技术管理与生产管理知识
		4.2 指导培训	4.2.1 能对二级/技师及以下级别人员进行业务培训和现场指导 4.2.2 能编写培训计划和教学大纲	4.2.1 培训计划编写的相关知识 4.2.2 教学大纲编写的相关知识
	B	4.1 技术管理	4.1.1 能优化产品设计方案 4.1.2 能对产品量产提出指导意见	生产管理的基本知识
		4.2 指导培训	4.2.1 能对二级/技师及以下级别人员进行业务培训和现场指导 4.2.2 能编写培训计划和教学大纲	培训计划、教学大纲编写的基本知识